EXERCICES

DE

CRISTALLOGRAPHIE

PAR

A. CHEVALLIER

PRÉPARATEUR DE MINÉRALOGIE

AVEC UNE PRÉFACE DE

M. J. THOULET

PROFESSEUR DE GÉOLOGIE ET DE MINÉRALOGIE A LA FACULTÉ DES SCIENCES
DE L'UNIVERSITÉ DE NANCY

PARIS

P. VICQ-DUNOD et Cie, ÉDITEURS

49, Quai des Grands-Augustins, 49

1898

EXERCICES

DE

CRISTALLOGRAPHIE.

TOURS. — IMPRIMERIE DESLIS FRÈRES

EXERCICES

DE

CRISTALLOGRAPHIE

PAR

A. CHEVALLIER

PRÉPARATEUR DE MINÉRALOGIE

AVEC UNE PRÉFACE DE

M. J. THOULET

PROFESSEUR DE GÉOLOGIE ET DE MINÉRALOGIE A LA FACULTÉ DES SCIENCES
DE L'UNIVERSITÉ DE NANCY

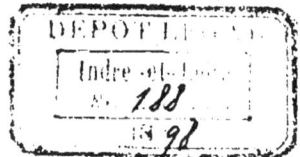

PARIS

P. VICQ-DUNOD et Cie, ÉDITEURS

49, Quai des Grands-Augustins, 49

1898

PRÉFACE

———

L'enseignement de la minéralogie, dont je suis chargé depuis de longues années à la Faculté des Sciences de l'Université de Nancy, s'y fait de la manière suivante :

Le cours régulier de cristallographie comporte une douzaine de leçons environ ; il comprend l'exposé des lois générales, les systèmes cristallins, les diverses théories cristallographiques, l'étude des groupements, les principes sur lesquels sont basées les notations, la représentation graphique des solides, les zones, enfin les différents procédés et instruments servant à la mesure des angles, ainsi que l'évaluation des erreurs. J'ai adopté dans ses lignes principales la méthode du professeur Groth ; elle est presque partout employée, et l'on ne saurait s'en étonner, étant données la simplicité et la clarté avec lesquelles elle groupe le nombre si considérable des formes et permet à la mémoire de retenir le lien naturel les rattachant les unes aux autres. Après dix-sept années d'examens d'élèves, je suis, s'il est possible, encore plus convaincu des avantages de cette méthode aussi bien pour le professeur que pour ses auditeurs.

Les leçons sont accompagnées de conférences faites par le préparateur du cours qui développe en détail les calculs cristallographiques relatifs à chaque système. Elles sont suivies d'exercices pratiques: mesures d'angles, étude et dessin à main levée de cristaux en bois; modelage de formes en terre glaise mélangée de blanc d'Espagne pour les rendre plus faciles à couper au couteau lorsqu'elles sont sèches, ou en plâtre gâché à l'eau de savon, ce qui les laisse mieux se limer; examen de cristaux naturels, représentation de formes en perspective cavalière par les croix axiales et, en dernier lieu, calculs cristallographiques. Ces calculs se font en s'aidant des projections stéréographiques et avec la notation de Miller.

Il est regrettable que les cristallographes aient cru devoir prendre chacun une notation spéciale, partir d'une forme primitive différente et disposer diversement les axes. C'est comme un mauvais sort pour la cristallographie, déjà bien assez aride par elle-même, d'avoir été compliquée d'une façon absolument gratuite, sans qu'il en résulte le moindre avantage, sinon, pour chaque auteur, l'illusion de s'être fait à bon compte une originalité scientifique. J'ai moi-même choisi, mais je n'ai, Dieu merci ! rien inventé et me suis borné à prendre ce qui était le plus généralement adopté. En définitive, grâce au schéma des zones, l'unique mode de notation permettant les calculs est celui de Miller ; quel que soit celui qui aura été employé, on sera donc obligé de le traduire en Miller, dès qu'il s'agira de calculer des relations paramétrales ou de noter des facettes, but final de la cristallographie. Je me borne à donner un tableau de comparaison des diverses notations, sorte de dictionnaire permettant sans trop de peine de passer de l'une quelconque d'entre elles à une autre quelconque.

Chaque exercice pratique, aussi bien de cristallographie que de minéralogie, chalumeau, propriétés physiques des minéraux, microscope et autres, est rédigé sur une feuille séparée que l'étudiant conserve sous ses yeux pendant son travail. L'ensemble de celles de ces feuilles relatives à la cristallographie, après avoir été remaniées, perfectionnées et simplifiées d'année en année, constitue ce volume. M. Chevallier, préparateur du cours, qui les a rédigées, a pu suivre leurs bons effets sur les élèves, et aucune d'elles ne manque de l'indiscutable sanction de la pratique. Il s'est borné à les compléter par certaines additions traitées dans les conférences. Je ne doute pas que rien qu'avec de l'assiduité, en les reprenant les unes après les autres, on ne parvienne à acquérir la connaissance des procédés les plus simples pour l'exécution des calculs cristallographiques. Il n'en faut pas davantage aux élèves de nos Facultés. Si, dans la suite, quelqu'un désirait s'adonner spécialement à cette science, il posséderait en quelque sorte l'outil de son travail, et il ne lui resterait qu'à apprendre par un exercice suffisant, à s'en servir avec dextérité. Les guides ne lui manqueraient d'ailleurs pas : une école cristallographique s'est créée en Allemagne. A vrai dire, l'étude des cristaux y cesse quelque peu d'être une science physique ou naturelle pour devenir exclusivement mathématique. C'est peut-être une voie nouvelle et encore peu fréquentée, ouverte à des aspirants au doctorat ès sciences mathématiques, qui trouveront dans ce cas un avantage à apprendre dans le livre de M. Chevallier les rudiments indispensables à leur travail. Mais cela sort de mon domaine, et je me garde d'y insister.

Pour en revenir à ce qui me concerne, je terminerai en disant que j'ai constaté les excellents résultats obtenus par les manipulations de cristallographie de M. Chevallier, à qui on doit savoir grand gré de leur rédaction, et je ne puis que souhaiter qu'elles soient aussi utiles à ceux qui les liront qu'elles l'auront été à ceux qui ont fréquenté mon laboratoire à Nancy.

J. Thoulet.

EXERCICES DE CRISTALLOGRAPHIE

I. — RÉSUMÉ DE CRISTALLOGRAPHIE

Les formes cristallines sont symétriques par rapport à certains plans ; il existe des plans tels que la disposition des facettes situées d'un côté est identique à la disposition des facettes situées de l'autre côté. On les nomme *plans de symétrie*.

La normale à un plan de symétrie est un *axe de symétrie*.

On appelle *axes de symétrie équivalents* ceux qui sont susceptibles de prendre dans l'espace la place l'un de l'autre sans que le cristal change d'aspect.

Un plan passant par deux ou plusieurs axes équivalents est un *plan de symétrie principale*.

La normale à un plan de symétrie principale est un axe de symétrie principale ou *axe principal*.

Tout plan passant par des axes de symétrie non équivalents est un *plan de symétrie secondaire* dont la normale est un axe de symétrie secondaire ou *axe secondaire*.

Les formes cristallines se divisent en trois catégories :

A. — Cristaux à 3 plans de symétrie principale ;

B. —   —   1   —

C. —   —   sans   —

Un *système cristallin* est l'ensemble de toutes les formes cristallines présentant le même degré de symétrie.

A. — L'existence de trois plans de symétrie principale impose celle de six plans de symétrie secondaire faisant entre eux des angles de 120° ; on a alors le *système cubique* ou *régulier*.

B. — Pour les cristaux n'ayant qu'un seul plan de symétrie principale, deux cas sont à considérer :

α. — Les cristaux possèdent un double système de trois

plans de symétrie secondaire perpendiculaires sur le plan de symétrie principale et faisant entre eux des angles de 60°, trois autres plans de symétrie secondaire perpendiculaires au plan de symétrie principale et bissecteurs des angles de 60° formés par les premiers plans. C'est le *système hexagonal.*

β. — Cristaux ayant deux plans de symétrie secondaire perpendiculaires au plan de symétrie principale, se coupant sous des angles de 90° et deux plans de symétrie secondaire bissecteurs des angles formés par les premiers ; *système tétragonal.*

C. — Pour les cristaux sans plan de symétrie principale, trois cas sont à considérer :

α. — Les cristaux possèdent trois plans de symétrie secondaire perpendiculaires entre eux ; *système rhombique.*

β. — Les cristaux ont un plan de symétrie secondaire ; *système monosymétrique.*

γ. — Les cristaux ne possèdent aucun plan de symétrie ; *système asymétrique.*

Revenant aux axes, on classera ces systèmes cristallins de la façon suivante :

Système cubique. — Trois axes principaux rectangulaires égaux.

Système hexagonal. — Un axe principal inégal (*axe vertical*) perpendiculaire à un plan contenant deux fois trois axes secondaires égaux faisant entre eux des angles de 30° (*axes secondaires et axes transverses*).

Système tétragonal. — Un axe principal inégal (*axe vertical*) perpendiculaire à un double système d'axes secondaires égaux se coupant sous des angles de 45° (*axes secondaires*).

Système rhombique. — Trois axes secondaires inégaux perpendiculaires entre eux (*axe vertical, brachydiagonale ou brachyaxe, makrodiagonale ou makrouxe*).

Système monosymétrique. — Deux axes inégaux perpendiculaires entre eux (*axe vertical, orthodiagonale*) et un troisième axe (*klinodiagonale*), de longueur différente, oblique à l'un des deux premiers, mais perpendiculaire à l'autre.

Système asymétrique. — Trois axes inégaux faisant entre eux des angles quelconques (*axe vertical, makrodiagonale, brachydiagonale*).

La symétrie implique la coexistence de certaines facettes.

La présence sur la même forme de toutes les facettes qui doivent coexister constitue l'*holoédrie*, et la forme est dite *simple*.

La forme est *composée* quand elle résulte de la réunion de facettes appartenant à plusieurs formes simples.

Certaines formes ne présentent que la moitié des facettes devant coexister d'après les lois de la symétrie ; on les nomme *hémiédriques*; d'autres n'en présentent que le quart, on les nomme *tétartoédriques*.

Loi de l'hémiédrie et de la tétartoédrie. — Les facettes absentes ou supprimées doivent l'être de telle sorte que de part et d'autre du centre, aux mêmes distances des axes, il y ait le même nombre de facettes conservées, se coupant entre elles et coupant l'axe sous les mêmes angles.

SYSTÈME CUBIQUE OU RÉGULIER

Holoédrie. — Les trois axes principaux perpendiculaires entre eux divisent l'espace en huit octants. Un plan quelconque de l'espace ou facette coupera ces trois axes à des distances m, n et 1 de l'origine. Pour un cristal du système cubique, la symétrie, due à l'équivalence des trois axes, exige que dans un même octant il y ait autant de plans que de permutations entre les trois longueurs m, n et 1, c'est-à-dire six facettes, et que les six facettes d'un octant se répètent dans chacun des sept autres octants. La forme type holoédrique du système cubique est un solide à $6 \times 8 = 48$ faces nommé hexakisoctaèdre. On obtiendra les autres formes holoédriques en donnant à m et à n toutes les valeurs possibles; on trouve ainsi les sept formes holoédriques :

Hexakisoctaèdre, $m : n : 1$, 48 faces ;

Ikositétraèdre ou trapézoèdre, $m : m : 1$, 24 faces ;

Triakisoctaèdre ou octaèdre pyramidé, $m : 1 : 1$, 24 faces ;

Octaèdre, $1 : 1 : 1$, 8 faces ;

Tétrakishexaèdre ou cube pyramidé, $\infty : m : 1$, 24 faces ;

Dodécaèdre rhomboïdal, $\infty : 1 : 1$, 12 faces ;

Hexaèdre ou cube, $\infty : \infty : 1$, 6 faces.

Chaque forme doit être considérée comme un solide à 48 faces pour lequel certaines de ces faces ont été amenées à faire avec une ou plusieurs de leurs voisines des angles de 180°, de telle sorte *qu'en apparence* l'hexakisoctaèdre n'a plus que 24, 12, 8 ou 6 faces.

Parmi les formes composées du système cubique, on peut citer le passage du cube à l'octaèdre, le passage du cube au dodécaèdre rhomboïdal, etc.; elles montrent comment on passe d'une forme quelconque de la série holoédrique à une autre forme, soit théoriquement, par la considération du solide 6×8 faces pris comme type unique, quoique plus ou moins modifié, soit matériellement, d'après le procédé des troncatures.

Hémiédrie. — En désignant par **a, b, c** la longue, la moyenne et la plus courte arête, côtés d'une facette triangulaire d'hexakisoctaèdre, on peut, sur les quarante-huit facettes de ce solide, en supprimer de deux en deux la moitié, de cinq manières différentes.

α. — Suppression d'une facette limitée par **a, b, c**, — *hémiédrie plagièdre* ou *gyroédrique*.

β. — Suppression de deux facettes limitées par **a**, — *hémiédrie impossible*.

γ. — Suppression de deux facettes limitées par **b**, — *hémiédrie pentagonale*.

δ. — Suppression de deux facettes limitées par **c**, — *hémiédrie impossible*.

ε. — Suppression de toutes les facettes d'un octant, — *hémiédrie tétraédrique*.

Pour trouver le solide hémièdre correspondant à l'un quelconque des solides holoèdres, on passera de ce dernier au type général, l'hexakisoctaèdre ; on appliquera l'hémiédrie selon son mode particulier, c'est-à-dire qu'on supprimera la moitié de ses quarante-huit facettes selon le mode d'hémiédrie considéré, puis on descendra de ce solide à quarante-huit faces hémiédrisé au solide particulier sur lequel on observera l'effet de la suppression.

L'hémiédrie pouvant s'effectuer, en marquant une facette sur deux du solide à quarante-huit faces, soit en supprimant les facettes marquées pour conserver en les prolongeant les autres, ou inversement en conservant les facettes marquées et en supprimant les autres, chaque solide holoédrique donnera naissance à deux formes hémiédriques notées par droite ou gauche, positive ou négative.

Premier mode d'hémiédrie ; hémiédrie plagièdre ou gyroédrique. — Supprimons de deux en deux une facette limitée par **a, b, c**, conformément au schéma suivant, où chaque rangée horizontale de numéros désigne les six facettes appartenant au même octant de l'hexakisoctaèdre. La série d'hémiédrie plagièdre sera la suivante :

~~1~~ 2 ~~3~~ 4 ~~5~~ 6

~~1~~ 2 ~~3~~ 4 ~~5~~ 6

~~1~~ 2 ~~3~~ 4 ~~5~~ 6

~~1~~ 2 ~~3~~ 4 ~~5~~ 6

1 ~~2~~ 3 ~~4~~ 5 ~~6~~

1 ~~2~~ 3 ~~4~~ 5 ~~6~~

1 ~~2~~ 3 ~~4~~ 5 ~~6~~

1 ~~2~~ 3 ~~4~~ 5 ~~6~~

L'hexakisoctaèdre donne deux ikositétraèdres pentagonaux énantiomorphes ;

L'ikositétraèdre ne change pas et donne par conséquent l'ikositétraèdre ;

Le triakisoctaèdre ne change pas et donne par conséquent le triakisoctaèdre ;

L'octaèdre ne change pas et donne par conséquent l'octaèdre ;

Le tétrakishexaèdre ne change pas et donne par conséquent le tétrakishexaèdre ;

Le dodécaèdre rhomboïdal ne change pas et donne par conséquent le dodécaèdre rhomboïdal ;

Le cube ne change pas et donne par conséquent le cube.

Deux formes sont dites énantiomorphes quand elles ne sont point superposables, l'une étant l'image de l'autre vue dans un miroir, comme par exemple les deux mains d'un homme.

Deuxième mode d'hémiédrie. — Sur l'hexakisoctaèdre, suppression de deux en deux de couples de facettes limitées par une arête **a**.

~~1~~ ~~2~~ 3 4 5 6

1 2 ~~3~~ ~~4~~ ~~5~~ ~~6~~

~~1~~ ~~2~~ 3 4 5 6

1 2 ~~3~~ ~~4~~ ~~5~~ ~~6~~

~~1~~ ~~2~~ ~~3~~ 4 5 ~~6~~

1 2 3 ~~4~~ ~~5~~ 6

~~1~~ ~~2~~ ~~3~~ 4 5 ~~6~~

1 2 3 ~~4~~ ~~5~~ 6

La loi générale de l'hémièdrie n'est pas satisfaite ; ce mode d'hémiédrie est donc impossible ; non seulement on n'a jamais découvert, mais on ne découvrira jamais aucun cristal la présentant.

Troisième mode d'hémiédrie ; hémiédrie pentagonale. — Sup-

~~1~~ 2 ~~3~~ 4 ~~5~~ 6

1 ~~2~~ 3 ~~4~~ 5 ~~6~~

~~1~~ 2 ~~3~~ 4 ~~5~~ 6

1 ~~2~~ 3 ~~4~~ 5 ~~6~~

~~1~~ 2 ~~3~~ 4 ~~5~~ 6

1 ~~2~~ 3 ~~4~~ 5 ~~6~~

~~1~~ 2 ~~3~~ 4 ~~5~~ 6

1 ~~2~~ 3 ~~4~~ 5 ~~6~~

pression régulière et alternative de deux en deux, sur l'hexakisoctaèdre de deux facettes limitées par une arête **b**.

L'hexakisoctaèdre donne deux dyakisdodécaèdres ou diploèdres ;

L'ikositétraèdre ne change pas (ikositétraèdre) ;

Le triakisoctaèdre ne change pas (triakisoctaèdre) ;

L'octaèdre ne change pas (octaèdre) ;

Le tétrakishexaèdre donne le dodécaèdre pentagonal ;

Le dodécaèdre rhomboïdal ne change pas (dodécaèdre rhomboïdal) ;

Le cube ne change pas (cube).

Parmi les formes composées, on cite la combinaison du cube et du dodécaèdre pentagonal.

Quatrième mode d'hémiédrie. — Suppression alternative régulière de deux en deux, sur l'hexakisoctaèdre, de couples de faces se réunissant suivant une arête **c**.

$$\begin{array}{cccccc} \cancel{1} & \cancel{2} & \cancel{3} & 4 & 5 & \cancel{6} \\ 1 & 2 & 3 & \cancel{4} & \cancel{5} & 6 \\ \cancel{1} & \cancel{2} & \cancel{3} & 4 & 5 & \cancel{6} \\ 1 & 2 & 3 & \cancel{4} & \cancel{5} & 6 \\ \cancel{1} & \cancel{2} & 3 & 4 & 5 & 6 \\ 1 & 2 & \cancel{3} & \cancel{4} & \cancel{5} & \cancel{6} \\ \cancel{1} & \cancel{2} & 3 & 4 & 5 & 6 \\ 1 & 2 & \cancel{3} & \cancel{4} & \cancel{5} & \cancel{6} \end{array}$$

La loi d'hémiédrie n'étant pas satisfaite, ce genre d'hémiédrie est cristallonomiquement impossible.

Cinquième mode d'hémiédrie ; hémiédrie tétraédrique. — Suppression alternative et régulière, sur l'hexakisoctaèdre, de toutes les faces d'un même octant.

L'hexakisoctaèdre donne l'hexakistétraèdre ;

L'ikositétraèdre donne le triakistétraèdre ou tétraèdre pyramidé ;

Le triakisoctaèdre donne le deltoïddodécaèdre ;

L'octaèdre donne le tétraèdre ;

Le tétrakishexaèdre ne change pas (tétrakishexaèdre);

1	2	3	4	5	6
1̸	2̸	3̸	4̸	5̸	6̸
1	2	3	4	5	6
1̸	2̸	3̸	4̸	5̸	6̸
1̸	2̸	3̸	4̸	5̸	6̸
1	2	3	4	5	6
1̸	2̸	3̸	4̸	5̸	6̸
1	2	3	4	5	6

Le dodécaèdre rhomboïdal ne change pas (dodécaèdre rhomboïdal) ;

Le cube ne change pas (cube).

Tétartoédrie. — La tétartoédrie étant l'hémiédrie de l'hémiédrie, on procède absolument comme il a été dit précédemment ; on applique au solide à quarante-huit faces les trois combinaisons deux à deux des trois hémiédries possibles,

1̸	2	3̸	4	5̸	6
1̸	2̸	3̸	4̸	5̸	6̸
1̸	2	3̸	4	5̸	6
1̸	2̸	3̸	4̸	5̸	6̸
1̸	2̸	3̸	4̸	5̸	6̸
1	2̸	3	4̸	5	6̸
1̸	2̸	3̸	4̸	5̸	6̸
1	2̸	3	4̸	5	6̸

et la comparaison des trois schémas suivants montre, par l'identité des numéros non effacés, que la série tétartoédrique est unique.

α. — Appliquons d'abord l'hémiédrie plagièdre (╱), puis l'hémiédrie pentagonale (╲).

β. — Appliquons d'abord l'hémiédrie plagièdre (╱), puis l'hémiédrie tétraédrique (╲).

$$
\begin{array}{cccccc}
1 & 2 & 3 & 4 & 5 & 6 \\
1 & 2 & 3 & 4 & 5 & 6 \\
1 & 2 & 3 & 4 & 5 & 6 \\
1 & 2 & 3 & 4 & 5 & 6 \\
1 & 2 & 3 & 4 & 5 & 6 \\
1 & 2 & 3 & 4 & 5 & 6 \\
1 & 2 & 3 & 4 & 5 & 6 \\
1 & 2 & 3 & 4 & 5 & 6
\end{array}
$$

γ. — Appliquons d'abord l'hémiédrie pentagonale (╱), puis l'hémiédrie tétraédrique (╲).

$$
\begin{array}{cccccc}
1 & 2 & 3 & 4 & 5 & 6 \\
1 & 2 & 3 & 4 & 5 & 6 \\
1 & 2 & 3 & 4 & 5 & 6 \\
1 & 2 & 3 & 4 & 5 & 6 \\
1 & 2 & 3 & 4 & 5 & 6 \\
1 & 2 & 3 & 4 & 5 & 6 \\
1 & 2 & 3 & 4 & 5 & 6 \\
1 & 2 & 3 & 4 & 5 & 6
\end{array}
$$

L'hexakisoctaèdre donne le dodécaèdre pentagonal tétraédrique droit et gauche ;

L'ikositétraèdre donne le triakistétraèdre ;

Le triakisoctaèdre donne le deltoïddodécaèdre ;

L'octaèdre donne le tétraèdre ;

Le tétrakishexaèdre donne le dodécaèdre pentagonal ;

Le dodécaèdre rhomboïdal ne change pas et donne le dodécaèdre rhomboïdal ;

Le cube ne change pas et donne le cube.

SYSTÈME HEXAGONAL-RHOMBOÉDRIQUE

Holoédrie. — Les axes du système, tels qu'ils ont été établis, divisent l'espace en douze dodécants. En cas général, chacun d'eux est occupé par deux facettes ou plans, coupant l'axe vertical à la même distance de l'origine et deux des trois axes horizontaux (secondaires ou transverses) à une distance différente à partir de l'origine ; la forme générale et typique sera donc une pyramide à vingt-quatre faces, dite pyramide dihexagonale.

Si les deux distances auxquelles sont coupés les deux axes horizontaux sont égales, deux facettes se confondent en une seule, et la forme devient une pyramide hexagonale à douze faces, dite protopyramide ou pyramide hexagonale de premier ordre.

Si l'une de ces deux distances devient double de l'autre, deux facettes de la pyramide dihexagonale appartenant respectivement à deux dodécants différents se confondent en une seule, et l'on a une nouvelle pyramide à douze facettes, dite deutopyramide ou pyramide hexagonale de deuxième ordre.

Avec les mêmes caractères pour les axes horizontaux, si la distance à laquelle les faces coupent l'axe vertical devient infinie, on a le prisme dihexagonal, le prisme hexagonal de premier ordre ou protoprisme, le prisme hexagonal de deuxième ordre ou deutoprisme correspondant respectivement à la pyramide dihexagonale, à la protopyramide et à la deutopyramide.

Enfin, si le plan de l'espace ne coupe que l'axe vertical, c'est-à-dire est parallèle au plan horizontal, la forme se réduit à une couple de plans parallèles au plan de symétrie principale ; c'est la base ou pinakoïde.

En définitive les sept formes de la série holoédrique sont :

La pyramide dihexagonale à vingt-quatre faces ;

La pyramide hexagonale de premier ordre ou protopyramide à douze faces ;

La pyramide hexagonale de deuxième ordre ou deutopyramide à douze faces ;

Le prisme dihexagonal à douze faces ;

Le prisme hexagonal de premier ordre ou protoprisme à six faces ;

Le prisme hexagonal de deuxième ordre ou deutoprisme à six faces ;

La base ou pinakoïde à deux faces.

Parmi les formes composées, nous citerons la combinaison du prisme dihexagonal, des prismes hexagonaux de premier et de deuxième ordres avec la base, et celle de la protopyramide et du protoprisme.

Hémiédrie. — Numérotant de 1 à 12 les douze facettes supérieures de la pyramide dihexagonale et par les mêmes chiffres les douze facettes inférieures de la même forme, on peut, en suivant le mode de suppression alternative et régulière indiqué plus haut, opérer de trois façons.

α. — *Hémiédrie trapézoédrique.* — Suppression de deux facettes alternantes, l'une en haut, l'autre en bas de la pyramide dihexagonale, suivant le schéma.

$$\cancel{1} \quad 2 \quad \cancel{3} \quad 4 \quad \cancel{5} \quad 6 \quad \cancel{7} \quad 8 \quad \cancel{9} \quad 10 \quad \cancel{11} \quad 12$$
$$1 \quad \cancel{2} \quad 3 \quad \cancel{4} \quad 5 \quad \cancel{6} \quad 7 \quad \cancel{8} \quad 9 \quad \cancel{10} \quad 11 \quad \cancel{12}$$

La pyramide dihexagonale donne deux trapézoèdres hexagonaux énantiomorphes ;

La protopyramide ne change pas (protopyramide) ;

La deutopyramide ne change pas (deutopyramide) ;

Le prisme dihexagonal ne change pas (prisme dihexagonal) ;

Le protoprisme ne change pas (protoprisme) ;

Le deutoprisme ne change pas (deutoprisme) ;

La base ne change pas (base).

β. — *Hémiédrie rhomboédrique.* — Suppression alternative et régulière sur la pyramide dihexagonale de deux facettes appartenant à un même dodécant.

La pyramide dihexagonale donne le scalénoèdre hexago-nal ou métastatique ;

X̸	2̸	3	4	5̸	6̸	7	8	9̸	1̸0̸	11	12
1	2	3̸	4̸	5	6	7̸	8̸	9	10	1̸1̸	1̸2̸

La protopyramide donne le rhomboèdre ;
La deutopyramide ne change pas (deutopyramide) ;
Le prisme dihexagonal ne change pas (prisme dihexagonal);
Le protoprisme ne change pas (protoprisme) ;
Le deutoprisme ne change pas (deutoprisme) ;
La base ne change pas (base).

Les deux rhomboèdres dérivés de la protopyramide sont distingués l'un par le signe +, l'autre par le signe —; on choi-sit comme rhomboèdre primitif celui qui est donné par le clivage.

Il existe des rhomboèdres aigus et obtus ayant les uns et les autres pour limite intermédiaire le cube.

Les rhomboèdres qu'on peut construire en menant des plans [tangents aux arêtes du rhomboèdre primitif ou tels que leurs arêtes soient tangentes aux arêtes du rhomboèdre primitif sont dits équiaxes.

Tout rhomboèdre peut être inscrit dans un scalénoèdre ayant mêmes arêtes latérales, dites arêtes en zigzag.

Nous citerons, parmi les formes composées de l'hémiédrie rhomboédrique, la combinaison du rhomboèdre primitif et du deutoprisme et celle du rhomboèdre obtus avec le proto-prisme.

Ce genre d'hémiédrie est très important parce qu'un grand nombre de corps, parmi lesquels le spath d'Islande, s'y rap-portent par leur cristallisation ; certains auteurs en font même un système cristallin spécial ; nous adopterons cette subdivision du système hexagonal en système rhomboédrique pour les calculs cristallographiques.

γ. — *Hémiédrie pyramidale.* — Lorsque sur la pyramide dihexagonale on supprime deux facettes superposées, l'une au-dessus, l'autre au-dessous du plan de symétrie principale et qu'on continue comme il a été dit, on obtient l'hémiédrie pyramidale.

La pyramide dihexagonale donne une pyramide hexagonale de troisième ordre ou de direction transverse ;

La protopyramide ne change pas (protopyramide) ;

La deutopyramide ne change pas (deutopyramide) ;

1̸	2	3̸	4	5̸	6	7̸	8	9̸	10	11̸	12
1̸	2	3̸	4	5̸	6	7̸	8	9̸	10	11̸	12

Le prisme dihexagonal donne un prisme hexagonal de
troisième ordre ou de direction transverse ;

Le protoprisme ne change pas (protoprisme) ;

Le deutoprisme ne change pas (deutoprisme) ;

La base ne change pas (base).

Tétartoédrie. — α. — *Tétartoédrie trapézoédrique.* — En
appliquant à la pyramide dihexagonale d'abord l'hémiédrie
trapézoédrique (╱), puis l'hémiédrie rhomboédrique (╲) :

1̸	2̸	3̸	4	5̸	6̸	7	8	9̸	10̸	11	12
1	2̸	3̸	4̸	5	6̸	7̸	8̸	9	10̸	11	12̸

La pyramide dihexagonale, en passant par le scalénoèdre,
donne le trapézoèdre trigonal droit et gauche ;

La protopyramide, en passant par le rhomboèdre, donne
le rhomboèdre ;

La deutopyramide donne la pyramide trigonale ;

Le prisme dihexagonal donne le prisme ditrigonal ;

Le protoprisme ne change pas (protoprisme) ;

Le deutoprisme donne le prisme trigonal ;

La base donne la base.

β. — *Tétartoédrie impossible.* — En appliquant successivement,
sur la pyramide dihexagonale, l'hémiédrie trapézoédrique
(╱), puis l'hémiédrie pyramidale (╲), la loi fondamentale
n'est point satisfaite, et l'hémiédrie est impossible.

1̸	2	3̸	4	5̸	6	7̸	8	9̸	10	11̸	12
1̸	2̸	3	4̸	5̸	6̸	7̸	8	9̸	10̸	11	12̸

γ. — *Tétartoédrie rhomboédrique.* — On applique successi-

vement à la pyramide dihexagonale l'hémiédrie rhomboédrique (╱), puis l'hémiédrie pyramidale (╲).

X̸ 2̸ 3̸ 4 5̸ 6̸ 7̸ 8 9̸ 1̸0̸ 1̸1̸ 12
1̸ 2 3̸ 4̸ 5̸ 6 7̸ 8̸ 9̸ 10 1̸1̸ 1̸2̸

La pyramide dihexagonale, en passant par le scalénoèdre,
donne le rhomboèdre de troisième ordre ;

La protopyramide, en passant par le rhomboèdre, donne
le rhomboèdre ;

La deutopyramide donne le rhomboèdre de deuxième
ordre ;

Le prisme dihexagonal donne le prisme hexagonal de troisième ordre ;

Le protoprisme ne change pas (protoprisme) ;

Le deutoprisme ne change pas (deutoprisme) ;

La base ne change pas (base).

SYSTÈME TÉTRAGONAL

Holoédrie. — Dans le cas le plus général, un plan quelconque coupe les trois axes à des distances finies, inégales,
et la forme type est la pyramide ditétragonale, constituée
par seize facettes se trouvant deux par deux dans chacun
des huit octants entre lesquels les plans passant par les axes
divisent l'espace.

Si les deux distances auxquelles une face coupe les deux
axes horizontaux deviennent égales, deux faces d'un octant
se confondent en une seule, les seize facettes se réduisent à
huit, et la pyramide ditétragonale à une pyramide tétragonale de premier ordre ou protopyramide.

Si, de ces distances, l'une devient infinie, deux faces
appartenant respectivement à deux octants adjacents se confondent en une seule, les seize faces se réduisent encore à
huit, et l'on a la pyramide tétragonale de deuxième ordre ou
deutopyramide.

Si, dans chacun des cas précédents, la distance à laquelle
est coupé l'axe vertical au-dessus et au-dessous du plan de

symétrie principale par toutes les facettes, devient infinie, les pyramides se transforment en prismes, et l'on a le prisme ditétragonal, le prisme tétragonal de premier ordre ou protoprisme, le prisme tétragonal de deuxième ordre ou deutoprisme correspondant respectivement à la pyramide ditétragonale, à la protopyramide et à la deutopyramide.

Une couple de plans parallèles au plan de symétrie est la base ou pinakoïde.

Les sept formes simples de la série sont donc :

La pyramide ditétragonale ;

La protopyramide tétragonale ;

La deutopyramide tétragonale ;

Le prisme ditétragonal ;

Le protoprisme tétragonal ;

Le deutoprisme tétragonal ;

La base ou pinakoïde.

Parmi les formes composées, nous indiquerons les combinaisons suivantes :

Prisme ditétragonal et base ;

Protoprisme et base ;

Protopyramide et deutopyramide ;

Protopyramide et protoprisme ;

Protopyramide, deutoprisme et base ;

Deutopyramide et protoprisme.

Hémiédrie. — α. — *Hémiédrie trapézoédrique.* — Cette hémiédrie s'obtient en supprimant, sur la pyramide ditétragonale, deux facettes non correspondantes l'une au-dessus, l'autre au-dessous du plan de symétrie principale.

$$\cancel{1} \quad 2 \quad \cancel{3} \quad 4 \quad \cancel{5} \quad 6 \quad \cancel{7} \quad 8$$
$$1 \quad \cancel{2} \quad 3 \quad \cancel{4} \quad 5 \quad \cancel{6} \quad 7 \quad \cancel{8}$$

La pyramide ditétragonale donne les trapézoèdres tétragonaux droit et gauche ;

La protopyramide ne change pas (protopyramide) ;

La deutopyramide ne change pas (deutopyramide) ;

Le prisme ditétragonal ne change pas (prisme ditétragonal);

Le protoprisme ne change pas (protoprisme);

Le deutoprisme ne change pas (deutoprisme);

La base ne change pas (base).

β. — *Hémiédrie sphénoïdique.* — Sur la pyramide ditétragonale on supprime les deux facettes d'un même octant.

$$\not{1} \quad \not{2} \quad 3 \quad 4 \quad \not{5} \quad \not{6} \quad 7 \quad 8$$
$$1 \quad 2 \quad \not{3} \quad \not{4} \quad 5 \quad 6 \quad \not{7} \quad \not{8}$$

La pyramide ditétragonale donne le scalénoèdre tétragonal;

La protopyramide donne le sphénoèdre ou sphénoïde;

La deutopyramide ne change pas (deutopyramide);

Le prisme ditétragonal ne change pas (prisme ditétragonal);

Le protoprisme ne change pas (protoprisme);

Le deutoprisme ne change pas (deutoprisme);

La base ne change pas (base).

γ. — *Hémiédrie pyramidale.* — On supprime deux facettes situées immédiatement l'une au-dessus de l'autre de part et d'autre du plan de symétrie principale.

$$\not{1} \quad 2 \quad \not{3} \quad 4 \quad \not{5} \quad 6 \quad \not{7} \quad 8$$
$$\not{1} \quad 2 \quad \not{3} \quad 4 \quad \not{5} \quad 6 \quad \not{7} \quad 8$$

La pyramide ditétragonale donne la pyramide tétragonale de troisième ordre;

La protopyramide ne change pas (protopyramide);

La deutopyramide ne change pas (deutopyramide);

Le prisme ditétragonal donne le prisme tétragonal de troisième ordre;

Le protoprisme ne change pas (protoprisme);

Le deutoprisme ne change pas (deutoprisme);

La base ne change pas (base).

Tétartoédrie. — α. — *Tétartoédrie trapézoédrique.* — On applique sur la pyramide ditétragonale d'abord l'hémiédrie trapézoédrique (╱), puis l'hémiédrie sphénoïdique (╲).

La pyramide ditétragonale donne les deux sphénoèdres tétragonaux énantiomorphes droit et gauche;

La protopyramide donne le sphénoèdre;

La deutopyramide donne le prisme horizontal ;

Le prisme ditétragonal donne le prisme tétragonal à section rhombique ;

$$\overset{*}{\cancel{1}} \quad \overset{*}{\cancel{2}} \quad \overset{}{\cancel{3}} \quad 4 \quad \overset{}{\cancel{5}} \quad \overset{}{\cancel{6}} \quad \overset{}{\cancel{7}} \quad 8$$
$$1 \quad \overset{}{\cancel{2}} \quad \overset{}{\cancel{3}} \quad \overset{*}{\cancel{4}} \quad 5 \quad \overset{}{\cancel{6}} \quad \overset{}{\cancel{7}} \quad \overset{}{\cancel{8}}$$

Le protoprisme ne change pas (protoprisme) ;

Le deutoprisme donne une couple de facettes parallèles ;

La base ne change pas (base).

β. — *Tétartoédrie impossible.* — Sur la pyramide ditétragonale, on applique d'abord l'hémiédrie trapézoédrique (╱), puis l'hémiédrie pyramidale (╲).

$$\overset{*}{\cancel{1}} \quad 2 \quad \overset{}{\cancel{3}} \quad 4 \quad \overset{}{\cancel{5}} \quad 6 \quad \overset{}{\cancel{7}} \quad 8$$
$$\overset{}{\cancel{1}} \quad \overset{}{\cancel{2}} \quad \overset{}{\cancel{3}} \quad \overset{}{\cancel{4}} \quad \overset{}{\cancel{5}} \quad \overset{}{\cancel{6}} \quad \overset{}{\cancel{7}} \quad \overset{}{\cancel{8}}$$

La loi générale de la tétartoédrie n'étant pas satisfaite, ce mode de tétartoédrie est cristallonomiquement impossible.

γ. — *Tétartoédrie sphénoédrique.* — On applique d'abord l'hémiédrie sphénoédrique (╱), puis l'hémiédrie pyramidale (╲).

$$\overset{*}{\cancel{1}} \quad \overset{}{\cancel{2}} \quad \overset{}{\cancel{3}} \quad 4 \quad \overset{}{\cancel{5}} \quad \overset{}{\cancel{6}} \quad \overset{}{\cancel{7}} \quad 8$$
$$\overset{}{\cancel{1}} \quad 2 \quad \overset{}{\cancel{3}} \quad \overset{}{\cancel{4}} \quad \overset{}{\cancel{5}} \quad 6 \quad \overset{}{\cancel{7}} \quad \overset{}{\cancel{8}}$$

La pyramide ditétragonale donne le sphénoèdre tétragonal de troisième ordre ;

La protopyramide donne le sphénoèdre ;

La deutopyramide donne le sphénoèdre de deuxième ordre ;

Le prisme ditétragonal donne le prisme tétragonal de troisième ordre ;

Le protoprisme ne change pas (protoprisme) ;

Le deutoprisme ne change pas (deutoprisme) ;

La base ne change pas (base).

SYSTÈME RHOMBIQUE

Dans le cas général, un plan coupe les trois axes d'un octant à des distances différentes à partir de l'origine, et, un plan existant dans ces conditions, la symétrie exige la présence dans chacun des sept autres octants formés par les axes, d'un plan symétrique, de sorte que la forme type est une pyramide rhombique à huit facettes dite protopyramide.

Holoédrie. — On désigne par **a** la brachydiagonale, par **b** la makrodiagonale, et par **c** l'axe vertical.

a, b, c, pyramide fondamentale.

α. — *Pyramides.* — **c** varie, mais reste fini :

a et **b** constants, pyramides de la série verticale ou protopyramides ;

a constant, **b** varie, pyramides de la série makrodiagonale ou makropyramides ;

a varie, **b** constant, pyramides de la série brachydiagonale ou brachypyramides.

β. — *Prismes.* — **c** = ∞ :

a et **b** constants, prisme fondamental ou protoprisme ;

a constant, **b** varie, prismes de la série makrodiagonale ou makroprismes ;

a varie, **b** constant, prismes de la série brachydiagonale ou brachyprismes.

b = ∞ :

a et **c** constants, makrodôme fondamental ;

a constant, **c** varie ; **a** varie, **c** constant, makrodômes.

a = ∞ :

b et **c** constants, brachydôme fondamental ;

b constant, **c** varie ; **b** varie, **c** constant, brachydômes.

γ. — *Plans ou pinakoïdes.* — **b** et **c** = ∞ makropinakoïde ;

a et **c** = ∞ brachypinakoïde ;

a et **b** = ∞ base.

Parmi les formes composées, on trouve les combinaisons suivantes :

Protoprisme et base ;

Makrodôme fondamental et base ;
Brachydôme fondamental et base ;
Pyramide fondamentale et prisme fondamental ;
Pyramide fondamentale et brachydôme fondamental ;
Pyramide fondamentale et brachyprisme ;
Protopyramide, protoprisme et brachyprisme ;
Protopyramide, protoprisme et brachypinakoïde.

Hémiédrie. — α. — *Hémiédrie sphénoïdique.* — Sur la protopyramide, on pratique la suppression alternative de facettes ne se touchant que par un sommet.

$$\not{1} \quad 2 \quad \not{3} \quad 4$$
$$1 \quad \not{2} \quad 3 \quad \not{4}$$

La protopyramide donne les deux sphénoïdes rhombiques droit et gauche ;
Le protoprisme ne change pas (protoprisme) ;
Le makrodôme fondamental ne change pas (makrodôme fondamental) ;
Le brachydôme fondamental ne change pas (brachydôme fondamental).

β. — *Hémiédrie monosymétrique.* — Sur la protopyramide on pratique la suppression alternative de facettes ayant une arête commune.

Premier mode :

$$\not{1} \quad 2 \quad \not{3} \quad 4$$
$$\not{1} \quad 2 \quad \not{3} \quad 4$$

La protopyramide donne l'hémidôme ;
Le protoprisme donne une couple de facettes parallèles ;
Le makrodôme fondamental ne change pas (makrodôme fondamental) ;
Le brachydôme fondamental ne change pas (brachydôme fondamental).

Deuxième mode :

$$\not{1} \quad 2 \quad 3 \quad \not{4}$$
$$1 \quad \not{2} \quad \not{3} \quad 4$$

La protopyramide donne l'hémiprisme incliné ;

Le protoprisme ne change pas (protoprisme) ;

Le makrodôme fondamental donne une couple de facettes parallèles ;

Le brachydôme fondamental ne change pas (brachydôme fondamental).

Troisième mode :

$$\begin{array}{cccc} \not{1} & \not{2} & 3 & 4 \\ 1 & 2 & \not{3} & \not{4} \end{array}$$

La protopyramide donne un hémiprisme incliné ;

Le protoprisme ne change pas (protoprisme) ;

Le makrodôme fondamental ne change pas (makrodôme fondamental) ;

Le brachydôme fondamental donne une couple de facettes parallèles.

Tétartoédrie. — La tétartoédrie rhombique est évidemment impossible.

SYSTÈME MONOSYMÉTRIQUE

Un plan quelconque de l'espace ne peut occuper que trois positions relativement au plan de symétrie unique passant par l'axe vertical **c** et par la klinodiagonale **a** et auquel l'orthodiagonale **b** est perpendiculaire :

Lui être parallèle, et la forme est alors une couple de facettes parallèles ;

Ou lui être perpendiculaire, et la forme est constituée par deux facettes perpendiculaires au plan de symétrie ;

Ou faire avec lui un angle quelconque, et dans ce cas la symétrie exige qu'il y ait encore trois autres plans symétriques, et la forme est alors une pyramide non fermée à quatre facettes, dite hémipyramide primaire.

C'est la forme fondamentale la plus compliquée du système.

Pour les mêmes axes il existe ainsi deux hémipyramides,

l'une ayant une de ses facettes dans l'angle trièdre le plus aigu des axes, qu'il est d'usage de considérer comme postérieure, et l'autre ayant l'une de ses facettes dans l'angle trièdre le plus obtus et qu'on regarde comme antérieure.

Chacune de ces hémipyramides donne naissance à une série holoédrique.

Holoédrie. — Plan de symétrie... couple de facettes parallèles.

Plan perpendiculaire au plan de symétrie... deux facettes perpendiculaires au plan de symétrie.

Plan oblique... hémipyramide.

α. — Hémipyramides (quatre facettes).

Hémipyramide primaire antérieure.

Hémipyramide primaire postérieure.

c varie, mais reste fini.

a et **b** constants... hémipyramides de la série verticale ou protohémipyramides ;

a constant, et **b** varie ... hémipyramides de la série orthodiagonale ou hémiorthopyramides ;

a varie, **b** constant..... hémipyramides de la série klinodiagonale ou hémiklinopyramides.

β. — *Prismes* (quatre facettes).

c $= \infty$.

a et **b** constants..... protoprisme ;

a constant, **b** varie... orthoprismes ;

a varie, **b** constant... klinoprismes.

b $= \infty$.

a et **c** constants... hémiorthodôme primaire ;

a constant, **c** varie $\Big\}$ hémiorthodômes.
a varie, **c** constant

a $= \infty$.

b et **c** constants..... klinodôme primaire ;

b constant, **c** varie $\Big\}$ klinodômes.
b varie, **c** constant

γ. — *Plans* (deux facettes).

c fini, **a** et **b** $= \infty$ base ;

b fini, **a** et **c** $= \infty$ klinopinakoïde ;

a fini, **b** et **c** $= \infty$ orthopinakoïde.

Parmi les formes composées nous citerons les combinaisons suivantes :

Double hémipyramide ;

Hémipyramides positive et négative et protoprisme ;

Hémipyramide positive et protoprisme ;

Hémipyramide positive, protoprisme et klinopinakoïde ;

Protoprisme et base ;

Hémipyramide négative, protoprisme et base ;

Base, orthopinakoïde et klinopinakoïde ;

Protoprisme, base et orthopinakoïde

Hémiédrie. — L'hémiédrie du système monosymétrique est constituée par des séries diverses de plans parallèles.

Tétartoédrie. — La tétartoédrie du système monosymétrique est évidemment impossible.

SYSTÈME ASYMÉTRIQUE

En appelant **c** l'axe vertical, **b** la makrodiagonale, et **a** la brachydiagonale, la forme type est une couple de facettes coupant chacun des trois axes à l'unité paramétrale de distance ; c'est la tétartopyramide, forme à deux facettes.

Il existe nécessairement quatre tétartopyramides fondamentales, dont chacune donne naissance à la série holoédrique suivante :

a	b	c	
1	1	1	tétartopyramide fondamentale.
1	n	m	tétartopyr. makrodiagonale de la série verticale.
n	1	m	tétartopyr. brachydiagonale de la série verticale.
1	1	∞	hémiprisme primaire ou fondamental.
1	m	∞	hémiprisme makrodiagonal.
m	1	∞	hémiprisme brachydiagonal.
1	∞	1	hémidôme makrodiagonal primaire.

$\dfrac{a}{}$	$\dfrac{b}{}$	$\dfrac{c}{}$	
1	∞	m	} hémidômes makrodiagonaux.
m	∞	1	
∞	1	1	hémidôme brachydiagonal primaire.
∞	m	1	} hémidômes brachydiagonaux.
∞	1	m	
1	∞	∞	makropinakoïde.
∞	1	∞	brachypinakoïde.
∞	∞	1	base.

Parmi les formes composées nous citerons :

Les quatre tétartopyramides ;

Hémiprisme droit, hémiprisme gauche et base ;

Les quatre tétartopyramides, hémiprismes droit et gauche, makropinakoïde et brachypinakoïdė ;

Hémiprismes droit et gauche, makropinakoïde et brachy-pinakoïde.

L'hémiédrie et la tétartoédrie de ce système ne possèdent évidemment aucune signification.

II. — DIVERS MODES DE NOTATION SYMBOLIQUE DES FACES

Les principaux modes de notation des facettes cristallines sont ceux de Weiss, de Miller, de Naumann et de Lévy.

Les trois premiers sont employés en Allemagne, tandis que le dernier est usité par les cristallographes français.

Ils ont tous leurs avantages et leurs inconvénients :

La notation de Weiss montre immédiatement les distances interceptées sur les axes par une facette cristalline ; mais ses symboles sont longs à exprimer et à écrire.

Celle de Miller permet seule de noter séparément chaque facette d'un cristal ; elle se prête très facilement aux calculs des zones.

La notation de Naumann est une simplification de celle de Weiss ; malheureusement, dans certains systèmes, on rencontre des symboles qu'il est impossible d'énoncer de vive voix et qui ne peuvent que s'écrire.

La notation de Lévy possède l'avantage de représenter les cristaux par des signes en général simples et de montrer les relations de chaque forme dérivée avec la forme primitive ; mais elle ne permet aucun calcul.

Nous indiquerons pour chaque système cristallin les relations existant entre les axes et les symboles adoptés par les divers auteurs. Pour chaque système, un tableau permettra de passer, sans calcul, d'une notation à une autre.

SYSTÈME CUBIQUE

Notation de Weiss. — Les trois paramètres du système cubique étant égaux à **a**, une facette quelconque d'hexakisoctaèdre sera notée :

$$a : na : ma.$$

L'un des indices est toujours pris pour unité ; les nombres m et n sont entiers ou fractionnaires, mais en général très simples. Le premier indice se rapporte à l'axe antérieur, le second à l'axe latéral, et le dernier à l'axe vertical.

Un solide hémièdre sera noté, par exemple $\pm \frac{1}{2}$ (a : na : ma).

Notation de Miller. — Les axes de Miller sont les mêmes que ceux de Weiss.

Une facette quelconque est notée (hkl), tandis que le cristal tout entier est désigné par $\{hkl\}$.

Comme dans la notation de Weiss, h se rapporte à l'axe antérieur, k à l'axe latéral et l à l'axe vertical.

Si une facette rencontre un axe dans le sens négatif, l'indice se rapportant à cet axe est surmonté du signe. — Exemple : $(h\bar{k}l)$.

Les indices h, k et l sont toujours entiers ; ils sont les inverses des indices 1, n et m de Weiss. En prenant les inverses des indices de Weiss, on obtient généralement des nombres fractionnaires ; on les réduit au même dénominateur et on supprime le dénominateur commun. Cette opération revient à transporter la facette parallèlement à elle-même.

EXEMPLE :

$$\text{a} : \frac{3}{2} \text{ a} : 3 \text{ a donne en Miller} \left\{1 \; \frac{2}{3} \; \frac{1}{3}\right\} = \{321\}.$$

Un solide hémièdre sera représenté par

$$\pi \; \{hkl\} \qquad \text{ou} \qquad \varkappa \; \{hkl\},$$

suivant qu'il se rattache à la parahémiédrie (hémiédrie à faces parallèles) ou à l'antihémiédrie (hémiédrie à faces non parallèles).

Notation de Naumann. — Les axes et indices sont les mêmes que ceux de Weiss ; le premier indice se rapporte à l'axe vertical ; le second, égal à l'unité, se rapporte à l'axe antérieur ; et le troisième, à l'axe latéral. Naumann remplace l'indice 1 de Weiss par la lettre O (Octaèdre). Si l'un des indices m ou n est égal à l'unité, il le supprime.

Exemples :

$$a : \frac{3}{2} a : 3\,a = 3\,0\,\frac{3}{2}$$

$$a : 2a : \infty a = \infty 02$$

Un solide hémièdre est représenté par $\pm \left[\dfrac{mOn}{2}\right]$, s'il s'agit

de l'hémiédrie à faces parallèles, ou par $\pm \left[\dfrac{mOn}{2}\right] \dfrac{r}{l}$ (recht

und link, droit et gauche) pour les solides énantiomorphes.

Notation de Lévy. — Lévy part du cube comme solide fondamental. Il note ses faces p (*fig.* 1), ses angles a, et ses arêtes b.

Ses axes sont les trois arêtes du cube aboutissant à un même angle a; ils sont donc parallèles à ceux de Weiss.

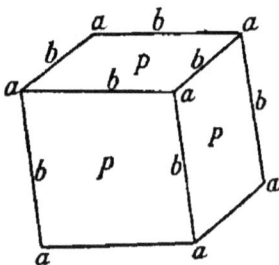

Fig. 1.

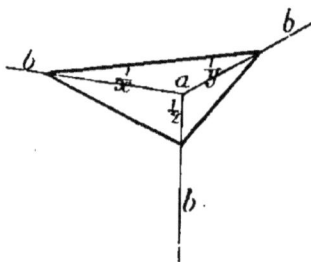

Fig. 2.

En opérant des troncatures sur les angles et sur les arêtes, on obtient toutes les formes du système.

Une troncature d'un angle a (*fig.* 2) qui couperait les trois arêtes b aboutissant à cet angle à des distances quelconques $\dfrac{1}{x}$, $\dfrac{1}{y}$ et $\dfrac{1}{z}$, sera représentée par

$$b^{\frac{1}{x}} b^{\frac{1}{y}} b^{\frac{1}{z}},$$

avec la condition $\dfrac{1}{x} > \dfrac{1}{y} > \dfrac{1}{z}$, et $\dfrac{1}{a}$ se rapportant à l'arête

horizontale parallèle à l'observateur, $\dfrac{1}{y}$ à la seconde arête horizontale, et $\frac{1}{z}$ à l'arête verticale. En général on fait $\frac{1}{x} = 1$.

Si deux indices sont égaux, la facette est notée au moyen de la lettre a (angle tronqué), affectée d'un exposant égal au rapport de l'un des indices égaux et du troisième :

$$b^{\frac{1}{x}} b^{\frac{1}{x}} b^{\frac{1}{z}} = b^{\frac{z}{x}},$$

$$b^{\frac{1}{x}} b^{\frac{1}{z}} b^{\frac{1}{z}} = a^{\frac{x}{z}}.$$

Lorsque les trois indices sont égaux :

$$b^{\frac{1}{x}} b^{\frac{1}{x}} b^{\frac{1}{x}} = a^1.$$

Si l'un des indices est égal à l'infini, on prend la lettre b (arête tronquée), affectée d'un exposant égal au rapport des deux autres, du plus grand et du plus petit :

$$b^{\frac{1}{0}} b^{\frac{1}{y}} b^{\frac{1}{z}} = b^{\frac{z}{y}}.$$

Lorsque deux indices sont égaux, le troisième étant infini :

$$b^{\frac{1}{0}} b^{\frac{1}{y}} b^{\frac{1}{y}} = b^1.$$

Pour transformer les symboles de Weiss en Lévy, on divise les indices de Weiss par un même nombre, tel que tous ces indices aient pour numérateur l'unité ; les nouveaux indices de Weiss deviendront les exposants de Lévy.

EXEMPLES :

$$a : \tfrac{4}{3} a : 4a = \tfrac{1}{4} a : \tfrac{1}{3} a : a = b^1 b^{\frac{1}{3}} b^{\frac{1}{4}}$$

$$a : 2a : 2a = \tfrac{1}{2} a : a : a = b^1 b^1 b^{\frac{1}{2}} = a^2$$

$$a : a : \tfrac{3}{2} a = \tfrac{1}{3} a : \tfrac{1}{3} a : \tfrac{1}{2} a = b^{\frac{1}{2}} b^{\frac{1}{3}} b^{\frac{1}{3}} = a^3$$

$$a : \tfrac{3}{2} a : \infty a = \tfrac{1}{3} a : \tfrac{1}{2} a : \infty a = b^{\frac{1}{0}} b^{\frac{1}{2}} b^{\frac{1}{3}} = b^{\frac{3}{2}}.$$

Lévy note les solides hémièdres en faisant précéder le symbole du cristal de la fraction $\frac{1}{2}$.

Transformation des notations du système cubique

NOMS DES FORMES	WEISS	MILLER	OBSER-VATIONS	NAUMANN	LÉVY
Cube............	$a:\infty a:\infty a$	$\{100\}$		$\infty O \infty$	p
Octaèdre.........	$a:a:a$	$\{111\}$		O	a^1
Dodécaèdre rhomboïdal.........	$a:a:\infty a$	$\{110\}$		∞O	b^1
Tétrakishexaèdre.	$a:na:\infty a =$ $a:\frac{h}{k}a:\infty a$	$\{hk0\}$	$h>k$	$\infty O n$	$b^{\frac{h}{k}} = b^n$
—	$a:\frac{3}{2}a:\infty a$	$\{320\}$		$\infty O \frac{3}{2}$	$b^{\frac{3}{2}}$
—	$a:2a:\infty a$	$\{210\}$		$\infty O 2$	b^2
Triakisoctaèdre..	$a:a:ma=$ $a:a:\frac{h}{k}a$	$\{hhk\}$	$h>k$	mO	$a^{\frac{k}{h}} = a^{\frac{1}{m}}$
—	$a:a:\frac{3}{2}a$	$\{332\}$		$\frac{3}{2}O$	$a^{\frac{2}{3}}$
—	$a:a:3a$	$\{331\}$		$3O$	$a^{\frac{1}{3}}$
Ikositétraèdre....	$a:ma:ma=$ $a:\frac{h}{k}a:\frac{h}{k}a$	$\{hkk\}$	$h>k$	mOm	$a^{\frac{h}{k}} = a^m$
—	$a:\frac{3}{2}a:\frac{3}{2}a$	$\{322\}$		$\frac{3}{2}O\frac{3}{2}$	$a^{\frac{3}{2}}$
—	$a:2a:2a$	$\{211\}$		$2O2$	a^2
Hexakisoctaèdre .	$a:na:ma=$ $a:\frac{h}{k}a:\frac{h}{l}a$	$\{hkl\}$	$h>k>l$	$mOn=$ $\frac{h}{l}O\frac{h}{k}$	$b^{\frac{1}{l}}\ b^{\frac{1}{k}}\ b^{\frac{1}{k}}=$ $b^{\frac{1}{mn}}\ b^{\frac{1}{m}}\ b^{\frac{1}{n}}$
—	$a:\frac{4}{3}a:4a$	$\{431\}$		$4O\frac{4}{3}$	$b^1\ b^{\frac{1}{3}}\ b^{\frac{1}{4}}$
—	$a:\frac{3}{2}a:3a$	$\{321\}$		$3O\frac{3}{2}$	$b^1\ b^{\frac{1}{2}}\ b^{\frac{1}{3}}$

SYSTÈME HEXAGONAL

Notation de Weiss. — Une facette quelconque rencontrant les trois axes horizontaux et l'axe vertical a pour symbole :

$$a : na : pa : mc$$

ou

$$a : na : \frac{n}{n-1} a : mc,$$

puisque $p = \dfrac{n}{n-1}$.

Les trois caractéristiques 1, n, $\dfrac{n}{n-1}$ sont les multiplicateurs des trois paramètres horizontaux, tous trois égaux à a.

La première se rapporte à l'axe OA_1, positif suivant OA_1 et négatif dans le sens opposé (*fig. 3*).

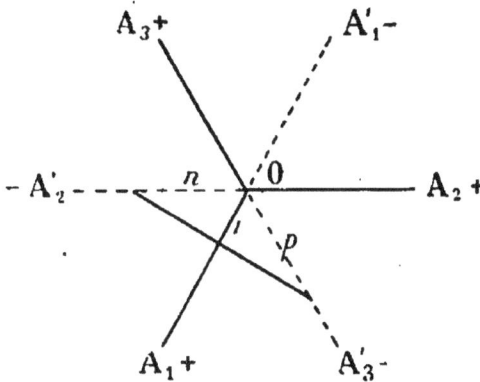

Fɪɢ. 3.

La caractéristique n se rapporte à l'axe OA_2, positif suivant OA_2, négatif suivant OA'_2.

p ou $\dfrac{n}{n-1}$ se rapporte à l'axe OA_3, positif suivant OA_3 et négatif dans l'autre sens.

m est le multiplicateur du paramètre vertical c.

Notation de Miller. — Les axes de Miller sont les mêmes que ceux de Weiss.

Une facette de pyramide dihexagonale sera représentée par ($hikl$). De même que dans la notation de Weiss :

h se rapporte à l'axe OA_1, positif suiv. OA_1, négatif suiv. OA'_1;

i — OA_2 — OA_2 — OA'_2;

k — OA_3 — OA_3 — OA'_3;

l —   vertical.

Les indices de Miller sont encore les inverses des indices de Weiss; on les rendra entiers ainsi qu'il a été indiqué pour le système cubique.

Entre les trois premiers indices h, i, k de Miller existe la relation

$$h + i + k = 0 \qquad (1)$$

EXEMPLE : $a : \dfrac{3}{2} a : 3a : c$ donne en Miller $\left\{ 1 \dfrac{2}{3} \dfrac{1}{3} 1 \right\}$ ou $\{3213\}$ en faisant abstraction des signes. Mais, d'après la relation (1), le véritable symbole sera $\{3\bar{2}\bar{1}3\}$ ou $\{2\bar{1}33\}$.

Notation de Naumann. — Naumann ne considère que deux axes horizontaux, ceux que nous avons désignés par OA_1 et OA'_2, écartés de 60°, et l'axe vertical. Partant du symbole de Weiss, il supprime la caractéristique $\dfrac{n}{n-1}$. Il remplace l'indice 1 par la lettre P (pyramide). Les deux indices m et n sont ceux de Weiss.

Une facette quelconque est notée mPn, m se rapportant à l'axe vertical, et n à l'un des deux axes horizontaux. Comme dans le système cubique, si l'une des caractéristiques m ou n est égale à l'unité, on la supprime.

EXEMPLES :

$$a : \frac{3}{2} a : 3a : c = \mathrm{P} \frac{3}{2}$$

$$a : \frac{2}{3} a : 2a : \frac{4}{3} c = \frac{4}{3} \mathrm{P} \frac{2}{3}.$$

Notation de Lévy. — La forme primitive de Lévy est le prisme hexagonal présentant une face en avant (*fig.* 4).

La base est notée p, les faces latérales m ; les angles, tous égaux, sont désignés par a ; les arêtes de base par b, et les arêtes verticales par h.

Les axes étant deux arêtes b et une arête h aboutissant à un même sommet a, sont parallèles à deux des axes horizontaux de Weiss et à l'axe vertical.

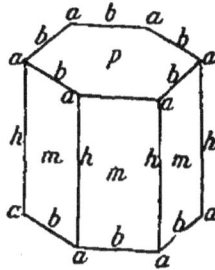

Une troncature coupant les arêtes b, b et h à des distances quelconques $\frac{1}{x}$, $\frac{1}{y}$, $\frac{1}{z}$, a pour symbole

Fig. 4.

$$b^{\frac{1}{x}}\ b^{\frac{1}{y}}\ h^{\frac{1}{z}}.$$

Si $\frac{1}{x} = \frac{1}{y}$, on a $b^{\frac{1}{x}} b^{\frac{1}{x}} h^{\frac{1}{z}} = a^{\frac{z}{x}}$, et ainsi de suite, comme pour le système cubique.

Pour transformer les symboles de Weiss en Lévy, on supprime l'indice 1 dans la notation de Weiss ; on divise les autres indices par un nombre tel que les fractions aient pour numérateur l'unité. Les deux premiers indices ainsi obtenus sont les exposants de b; le dernier, qui se rapporte à l'axe vertical, est l'exposant de h.

EXEMPLES :

$a : \frac{3}{2}a : 3a : c = \frac{3}{2}a : 3a : c = \frac{1}{2}a : a : \frac{1}{3}c$, ou enfin $b^1 b^{\frac{1}{2}} h^{\frac{1}{3}}$ en Lévy;

$a : \frac{3}{2}a : 3a : 2c = b^{\frac{1}{2}} b^{\frac{1}{4}} h^{\frac{1}{3}}$;

$a : \frac{2}{3}a : 2a : \infty\, c = b^1 b^{\frac{1}{3}} h^0 = h^3$;

$a : a : \infty\, a : \frac{2}{3}c = b^{\frac{1}{2}} b^0 h^3 = b^{\frac{3}{2}}$

$a : 2a : 2a : 4c = b^{\frac{1}{2}} b^{\frac{1}{2}} h^1 = a^{\frac{1}{2}}.$

REMARQUE. — Si deux indices b et h ont même exposant, la facette est notée a (angle tronqué), affectée d'un *indice* (indice étant pris dans le sens algébrique) égal au rapport de l'un des indices égaux par le troisième.

EXEMPLES :

$$b^1 b^{\frac{1}{2}} h^{\frac{1}{2}} = a_{\frac{1}{2}}$$

$$b^1 b^1 h^{\frac{1}{3}} = a_3.$$

Transformation des notations du système hexagonal

NOMS DES FORMES	WEISS	BRAVAIS-MILLER	NAUMANN	LÉVY
Base	$\infty\,a : \infty\,a : \infty\,a : c$	{0001}	0P	p
Prismes				
Protoprisme	$a : a : \infty\,a : \infty\,c$	{10$\bar{1}$0}	∞ P	m
Deutoprisme ...	$a : 2a : 2a : \infty\,c$	{11$\bar{2}$0}	∞ P2	h^1
Prisme dihexagonal........	$a : na : \dfrac{n}{n-1}\,a : \infty\,c$	{hi$\bar{k}$0}	∞ Pn	$h^{\frac{1}{n-1}} = h^{\frac{h}{i}}$
Prisme dihexagonal........	$a : \dfrac{3}{2}\,a : 3a : \infty\,c$	{2$\bar{1}$30}	∞ P$\dfrac{3}{2}$	h^2
Prisme dihexagonal........	$a : 4a : \dfrac{4}{3}\,a : \infty\,c$	{3$\bar{1}$40}	∞ P4	h^3
Pyramides				
Protopyramide..	$a : a : \infty\,a : mc$	{h0$\bar{h}$l}	mP	$b^{\frac{1}{m}} = b^{\frac{l}{h}}$
Protopyramide fondamentale.	$a : a : \infty\,a : c$	{10$\bar{1}$1}	P	b^1
Protopyramide.	$a : a : \infty\,a : 2c$	{20$\bar{2}$1}	2P	$b^{\frac{1}{2}}$
Deutopyramide.	$a : 2a : 2a : mc =$ $a : 2a : 2a : \dfrac{2h}{l}\,c$	{kk$\bar{h}$l} ou {hh$\bar{2}$hl}	mP2 ou $\dfrac{2h}{l}$ P2	$a^{\frac{2}{m}} = a^{\frac{l}{k}}$
—	$a : 2a : 2a : 2c$	{11$\bar{2}$1}	2P2	a^1
—	$a : 2a : 2a : 4c$	{22$\bar{4}$1}	4P2	$a^{\frac{1}{2}}$
Pyramide dihexagonale...	$a : na : \dfrac{n}{n-1}\,a : mc$	{hi$\bar{k}$l}	mPn	$b^1 b^{n-1} h^{\frac{m(n-1)}{n}}$ $= b^{\frac{1}{i}}\, b^{\frac{1}{h}}\, h^{\frac{1}{l}}$
Pyramide dihexagonale...	$a : \dfrac{3}{2}\,a : 3a : c$	{2$\bar{1}$33}	P$\dfrac{3}{2}$	$b^{\frac{1}{1}}\, b^{\frac{1}{2}}\, h^{\frac{1}{3}}$
Pyramide dihexagonale...	$a : \dfrac{3}{2}\,a : 3a : \dfrac{3}{2}\,c$	{2$\bar{1}$32}	$\dfrac{3}{2}$ P$\dfrac{3}{2}$	$b^1\, b^{\frac{1}{2}}\, h^{\frac{1}{2}} = a_{\frac{1}{2}}$
Pyramide dihexagonale...	$a : \dfrac{3}{2}\,a : 3a : 2c$	{42$\bar{6}$3}	2P$\dfrac{3}{2}$	$b^{\frac{1}{2}}\, b^{\frac{1}{4}}\, h^{\frac{1}{3}}$

SYSTÈME RHOMBOÉDRIQUE

Un grand nombre de cristallographes ont groupé sous le nom de « système rhomboédrique », l'ensemble des formes appartenant à l'hémiédrie rhomboédrique du système hexagonal.

Notation de Weiss. — Weiss note les solides hémièdres du système hexagonal, comme il a noté les solides holoèdres 'dont ils dérivent.

Notation de Bravais. — Bravais a proposé de conserver, pour les formes rhomboédriques, la notation à quatre indices que Miller avait employée pour les formes hexagonales. Dans les calculs cristallographiques nous nous servirons de cette notation, qui est la plus commode.

Notation de Naumann. — Les axes sont les mêmes que ceux du système hexagonal. A la place de P, Naumann met R (rhomboèdre). Lorsqu'il a affaire à un rhomboèdre direct (présentant la face en avant), ou à un scalénoèdre direct (présentant l'arête obtuse en avant), il fait précéder le symbole du signe +. Il adopte le signe — si c'est un rhomboèdre inverse (ayant l'arête en avant) ou un scalénoèdre inverse (arête aiguë en avant).

Les relations entre les notations de Weiss et de Naumann sont les mêmes que pour le système hexagonal.

EXEMPLES :

$$a : a : \infty a : 2c = + 2R$$
$$a : \frac{4}{3} a : 4a : c = - R\,\frac{4}{3}.$$

Notation de Miller. — Miller considère comme axes trois droites parallèles aux arêtes b, b, d, du rhomboèdre primitif de Lévy. Ces axes sont égaux et font entre eux des angles égaux, mais différents de 90°.

Les longueurs interceptées sur les axes par une facette quelconque étant $\frac{1}{h}$, $\frac{1}{k}$, $\frac{1}{l}$, le symbole de cette facette deviendra (hkl).

Entre les indices h, k, l et h', i', k', l', le symbole de la facette suivant la notation de Bravais étant $(h'i'\overline{k'}l')$, existent les relations suivantes :

$$h' = h - k \qquad\qquad h = l' + h' - k'$$
$$i' = k - l \qquad\qquad k = l' + i' - h'$$
$$k' = l - h \qquad\qquad l = l' + k' - i'$$
$$l' = h + k + l.$$

Lorsqu'une caractéristique h, k ou l est surmontée du signe —, la troncature est faite sur l'angle e, au lieu de l'être sur l'angle a du rhomboèdre de Lévy.

EXEMPLES :

$$\{21\overline{3}2\} = \{71\overline{2}\},$$

et réciproquement

$$\{310\} = \{21\overline{3}4\}.$$

Notation de Lévy. — Lévy considère comme forme primitive le rhomboèdre orienté de façon à présenter une face en avant (*fig.* 5). L'axe du rhomboèdre correspond à l'axe vertical de Weiss, de Bravais et de Naumann.

Toutes les faces sont notées p; il y a deux angles a et six angles e, six arêtes polaires b et six arêtes médianes d.

Une troncature quelconque de l'angle a, rencontrant les trois arêtes b, sera notée $b^{\frac{1}{x}}b^{\frac{1}{y}}b^{\frac{1}{z}}$.

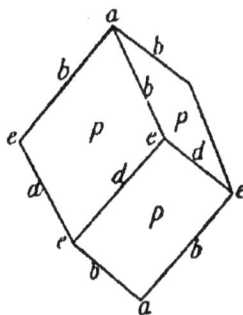

FIG. 5.

EXEMPLE : $b^1b^{\frac{1}{2}}b^{\frac{1}{4}}$ qui, en Miller, serait notée $\{421\}$.

Une troncature de l'angle e aurait pour symbole général $b^{\frac{1}{x}}d^{\frac{1}{y}}d^{\frac{1}{z}}$.

EXEMPLE : $b^1d^1d^{\frac{1}{\overline{1}}} = e_4$ (voy. remarque, p. 35), qui en Miller serait notée $\{41\overline{1}\}$.

Les indices de Miller sont donc les inverses des exposants de Lévy, et réciproquement.

NOMS DES FORMES	WEISS	BRAVAIS	NAUMANN	MILLER	LÉVY
Base....................	$\infty a : \infty a : \infty a : c$	{0001}	0R	{111}	a^1
Prismes. Protoprisme.....	$a : a : \infty a : \infty c$	{10$\bar{1}$0}	∞R	{11$\bar{2}$}	e^2
Deutoprisme.....	$a : 2a : 2a : \infty c$	{11$\bar{2}$0}	∞R2	{101}	d^1
Dihexagonal....	$a : na : \dfrac{n}{n-1} a : \infty c$	{$h'i'k'$0}	∞Rn	{$hk\bar{l}$}	$\dfrac{1}{b^{h+k}}\; d\overset{1}{k}\; \dfrac{1}{d^h}$
—	$a : \dfrac{5}{4} a : 5a : \infty c$	{4$\bar{1}$50}	∞R $\dfrac{5}{4}$	{21$\bar{3}$}	$\dfrac{1}{b^3}\; d^1\; \dfrac{1}{d^3}$
Rhomboèdres. R. Primitif.	$a : a : \infty a : c$	{101$\bar{1}$}	+ R	{100}	$\dfrac{p}{a^4}$
Direct sur a...	$a : a : \infty a : mc$	{$h'0\bar{k}'l'$}	+ mR $m<1$	{hll}	$a^{\frac{h}{l}}$
—	$a : a : \infty a : \dfrac{1}{2} c$	{101$\bar{2}$}	+ $\dfrac{1}{2}$ R	{411}	a^4
Direct sur e...	$a : a : \infty a : mc$	{$h'0\bar{k}'l'$}	+ mR $m>1$	{$h\bar{l}\bar{l}$}	$e^{\frac{h}{l}}$
—	$a : a : \infty a : 2c$	{20$\bar{2}$4}	+ 2R	{5$\bar{1}$1}	e^{n}
Inverse sur a..	$a : a : \infty a : mc$	{0$\bar{i}\,\bar{k}'l'$}	— mR $m<1$	{hhl}	$a^{\frac{l}{h}}$
—	$a : a : \infty a : \dfrac{1}{3} c$	{01$\bar{1}$3}	— $\dfrac{1}{3}$ R	{441}	$a^{\frac{1}{4}}$
Inverse sur e..	$a : a : \infty a : mc$	{0$\bar{i}\,\bar{k}'l'$}	— mR $m>1$	{$hh\bar{l}$}	$e^{\frac{l}{h}}$
—	$a : a : \infty a : c$	{01$\bar{1}$1}	— R	{22$\bar{1}$}	$e^{\frac{1}{2}}$

NOMS DES FORMES	WEISS	BRAVAIS	NAUMANN	MILLER	LÉVY
Inverse sur b..	$a : a : \infty a : \dfrac{1}{2} c$	{01$\bar{1}$2}	— $\dfrac{1}{2}$ R	{110}	b^1
Scalénoèdres. Direct sur a	$a : na : \dfrac{n}{n-1} a : mc$	{$h'i'k'l'$}	+ mRn	{hkl}	$b^{\frac{1}{l}}\; b^{\frac{1}{k}}\; b^{\frac{1}{h}}$
—	$a : \dfrac{3}{2} a : 3a : \dfrac{3}{7} c$	{2$\bar{1}$37}	+ $\dfrac{3}{7}$ R $\dfrac{3}{2}$	{421}	$b^1\; b^{\frac{1}{2}}\; b^{\frac{1}{4}}$
Direct sur e..	$a : na : \dfrac{n}{n-1} a : mc$	{$h'i'\bar{k}'l'$}	+ mRn	{$hk\bar{l}$}	$b^{\frac{1}{l}}\; d^{\frac{1}{k}}\; d^{\frac{1}{h}}$
—	$a : \dfrac{5}{3} a : \dfrac{5}{2} a : \dfrac{5}{4} c$	{3$\bar{2}$54}	+ $\dfrac{5}{4}$ R $\dfrac{5}{3}$	{41$\bar{1}$}	$b^1\; d^1\; d^{\frac{1}{4}} = e_{\text{4}}$
—	$a : na : \dfrac{n}{n-1} a : mc$	{$h'i'\bar{k}'l$}	+ mRn	{$hk\bar{l}$}	$b^{\frac{1}{h}}\; d^{\frac{1}{k}}\; d^{\frac{1}{l}}$
—	$a : \dfrac{6}{5} a : 6a : 6c$	{5$\bar{1}$61}	+ 6R $\dfrac{6}{5}$	{41$\bar{2}$}	$b^{\frac{1}{4}}\; d^1\; d^{\frac{1}{2}}$
Direct sur b..	$a : na : \dfrac{n}{n-1} a : mc$	{$h'i'k'l'$}	+ mRn	{$hk0$}	$b^{\frac{h}{k}}$
—	$a : \dfrac{3}{2} a : 3a : \dfrac{3}{4} c$	{2$\bar{1}$34}	+ $\dfrac{3}{4}$ R $\dfrac{3}{2}$	{310}	b^3
Direct sur d..	$a : na : \dfrac{n}{n-1} a : mc$	{$h'i'k'l'$}	+ mRn	{$h0\bar{l}$}	$d^{\frac{h}{l}}$
—	$a : \dfrac{3}{2} a : 3a : 3c$	{2$\bar{1}$31}	+ 3R $\dfrac{3}{2}$	{201}	d^1
Inverse sur a..	$a : na : \dfrac{n}{n-1} a : mc$	{$h'i'\bar{k}'l'$}	— mRn	{hkl}	$b^{\frac{1}{l}}\; b^{\frac{1}{k}}\; b^{\frac{1}{h}}$

Transformation des notations du système rhomboédrique (*suite*)

NOMS DES FORMES	WEISS	BRAVAIS	NAUMANN	MILLER	LÉVY
Scalénoèdres. Inverse sur a.	$a : \frac{3}{2} a : 3a : \frac{3}{8} c$	$\{21\bar{3}8\}$	$-\frac{3}{8} R \frac{3}{2}$	$\{431\}$	$b^l b^{\frac{1}{3}} b^{\frac{1}{4}}$
Inverse sur e..	$a : na : \frac{n}{n-1} a : mc$	$\{h'i\bar{k'}l'\}$	$-mRn$	$\{hk\bar{l}\}$	$d^{\frac{1}{h}} d^{\frac{1}{k}} b^{\frac{1}{l}}$
—	$a : \frac{3}{2} a : 3a : \frac{3}{2} c$	$\{21\bar{3}2\}$	$-\frac{3}{2} R \frac{3}{2}$	$\{2\bar{1}1\}$	$d^l d^2 b^2 = e_{\frac{1}{2}}$
Inverse sur b..	$a : na : \frac{n}{n-1} a : mc$	$\{h'i\bar{k'}l'\}$	$-mRn$	$\{hk0\}$	$b^{\frac{h}{k}}$
—	$a : \frac{3}{2} a : 3a : \frac{3}{5} c$	$\{21\bar{3}5\}$	$-\frac{3}{5} R \frac{3}{2}$	$\{320\}$	$b^{\frac{3}{2}}$
Deutopyramides Sur a....	$a : 2a : 2a : mc$	$\{h'i'2\bar{h}'l'\}$	$mP2$	$\{hkl\}$	$b^{\frac{1}{h}} b^{\frac{1}{k}} b^{\frac{1}{l}}$
—	$a : 2a : 2a : \frac{1}{3} c$	$\{11\bar{2}6\}$	$\frac{1}{3} P2$	$\{321\}$	$b^l b^{\frac{1}{2}} b^{\frac{1}{3}}$
Sur b....	$a : 2a : 2a : \frac{2}{3} c$	$\{11\bar{2}3\}$	$\frac{2}{3} P2$	$\{210\}$	b^2
Sur e....	$a : 2a : 2a : mc$	$\{h'i'2\bar{h}'l'\}$	$mP2$	$\{hk\bar{l}\}$	$b^{\frac{1}{h}} b^{\frac{1}{k}} d^{\frac{1}{h}}$
—	$a : 2a : 2a : \frac{4}{3} c$	$\{22\bar{4}3\}$	$\frac{4}{3} P2$	$\{3\bar{1}1\}$	$b^l d^l d^{\frac{1}{3}} = e_3$

SYSTÈME TÉTRAGONAL

Notation de Weiss. — Les deux paramètres horizontaux sont tous deux égaux à **a**; le paramètre vertical est désigné par **c**. Une facette quelconque est notée **a** : n**a** : m**c**.

Notation de Miller. — Les axes de Miller sont identiques aux axes de Weiss; ses indices sont les inverses de ceux de Weiss, le dernier se rapportant à l'axe vertical.

Exemple :

$$\mathbf{a} : 3\mathbf{a} : \frac{3}{2}\,\mathbf{c} = \{312\}.$$

Notation de Naumann. — Les axes et les indices sont les mêmes que ceux de Weiss.

mPn étant le symbole général, m se rapporte à l'axe vertical, et n à l'un des deux axes horizontaux.

Exemple :

$$\mathbf{a} : 2\mathbf{a} : \frac{2}{3}\,\mathbf{c} = \frac{2}{3}\,P2.$$

Notation de Lévy. — Le solide fondamental est le prisme droit à base carrée présentant une arête verticale en avant (*fig.* 6). Il possède deux faces p (base) et quatre facettes prismatiques m, huit angles a; huit arêtes horizontales b et quatre arêtes verticales h. Les axes sont donc les trois arêtes aboutissant au même angle a; l'axe vertical h est le même que celui de Weiss; mais les axes horizontaux b sont les bissectrices des axes horizontaux de Weiss.

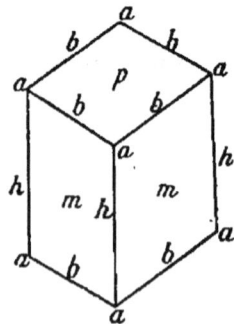

Fig. 6.

Une facette quelconque sera notée $b^{\frac{1}{x}} b^{\frac{1}{y}} h^{\frac{1}{z}}$ avec les mêmes simplifications que pour les systèmes cubique et hexagonal.

Entre les indices $\frac{1}{x}$, $\frac{1}{y}$ et $\frac{1}{z}$ de Lévy, et les indices $h, k, l,$ de Miller existent les relations suivantes :

$$h - k = x, \qquad h + k = y, \qquad l = z.$$

Pour passer de la notation de Weiss à celle de Lévy, on transformera d'abord en Miller, puis en Lévy, d'après les relations ci-dessus :

EXEMPLE : $\mathbf{a} : 2\mathbf{a} : \frac{2}{3}\,\mathbf{c}$ deviendra $\{213\}$ en Miller, puis :

$$b^{1}b^{\frac{1}{3}}h^{\frac{1}{3}} = a_{\frac{1}{3}} \text{ en Lévy.}$$

Transformation des notations du système tétragonal

NOMS DES FORMES	WEISS	MILLER	NAUMANN	LÉVY
Base	$\infty\,a : \infty\,a : c$	{001}	0P	p
Prismes				
Protoprisme	$a : a : \infty\,c$	{110}	$\infty\ P$	m
Deutoprisme	$a : \infty\,a : \infty\,c$	{100}	$\infty\ P\ \infty$	h^1
Prisme ditétragonal	$a : na : \infty\,c$	{hk0}	$\infty\ Pn$	$h^{\frac{h+k}{h-k}} = h^{\frac{n+1}{n-1}}$
— —	$a : \tfrac{3}{2}a : \infty\,c$	{320}	$\infty\ P\,\tfrac{3}{2}$	h^5
— —	$a : 3a : \infty\,c$	{310}	$\infty\ P3$	h^2
Pyramides				
Protopyramide	$a : a : mc$	{hhl}	mP	$b^{\frac{l}{2h}} = b^{\frac{1}{2m}}$
Protopyramide fondamentale	$a : a : c$	{111}	P	$b^{\frac{1}{2}}$
Protopyramide	$a : a : \tfrac{1}{2}c$	{112}	$\tfrac{1}{2}\,P$	b^1
Protopyramide	$a : a : \tfrac{3}{2}c$	{332}	$\tfrac{3}{2}\,P$	$b^{\frac{1}{3}}$
Deutopyramide	$a : \infty\,a : mc$	{h0l}	$mP\ \infty$	$a^{\frac{l}{h}} = a^{\frac{1}{m}}$
—	$a : \infty\,a : c$	{101}	$P\ \infty$	a^1
—	$a : \infty\,a : 2c$	{201}	$2P\ \infty$	$a^{\frac{1}{2}}$
—	$a : \infty\,a : \tfrac{3}{2}c$	{302}	$\tfrac{3}{2}\,P\ \infty$	$a^{\frac{2}{3}}$
Pyramide ditétragonale	$a : na : mc$	{hkl}	mPn	$b^{\frac{1}{h-k}}\,b^{\frac{1}{h+k}}\,h^{\frac{1}{l}} = b^{\frac{1}{m(n-1)}}\,b^{\frac{1}{m(n+1)}}\,h^{\frac{1}{n}}$
Pyramide ditétragonale	$a : 2a : c$	{212}	P2	$b^1\,b^{\frac{1}{3}}\,h^{\frac{1}{3}}$
Pyramide ditétragonale	$a : 2a : \tfrac{2}{3}c$	{213}	$\tfrac{2}{3}\,P2$	$b^1\,b^{\frac{1}{3}}\,h^{\frac{1}{3}} = a_{\frac{1}{3}}$
Pyramide ditétragonale	$a : 3a : \tfrac{3}{2}c$	{312}	$\tfrac{3}{2}\,P3$	$b^{\frac{1}{2}}\,b^{\frac{1}{4}}\,h^{\frac{1}{2}} = a_2$

SYSTÈME RHOMBIQUE

Notation de Weiss. — Les trois paramètres **a**, **b**, **c** de Weiss se rapportent : le premier, à l'axe antérieur ou brachydiagonale ; le second, à l'axe latéral ou makrodiagonale ; le troisième, à l'axe vertical.

Une facette quelconque est notée : **a** : n**b** : m**c**.

Notation de Miller. — Miller considère comme axes des droites parallèles aux axes de Weiss. Une facette quelconque est notée (hkl) ; mais, contrairement à ce qu'il avait admis pour les autres systèmes, h se rapporte à la makrodiagonale, k à la brachydiagonale, et l à l'axe vertical.

Il a paru plus rationnel d'imiter M. Wyrouboff (*Manuel pratique de Cristallographie*) et de rapporter l'indice h à l'axe antérieur, k à l'axe latéral, et l à l'axe vertical. Dans ces conditions, les indices de Miller sont encore les inverses des indices de Weiss.

EXEMPLE :

$$2\mathbf{a} : \mathbf{b} : \frac{2}{3}\,\mathbf{c} = \left\{ \frac{1}{2} \quad 1 \quad \frac{3}{2} \right\} \text{ ou } \{123\}$$

Notation de Naumann. — Les axes sont les mêmes que ceux de Weiss ; m se rapporte à l'axe vertical ; n, qui est plus grand que 1, à l'un des axes horizontaux. Lorsque $n = 1$, on le supprime ; la facette est alors notée mP.

On indique que n est le multiplicateur de la makrodiagonale par le signe $\overline{\text{P}}$; s'il multiplie la brachydiagonale, on emploie le signe $\breve{\text{P}}$.

EXEMPLES :

$$\mathbf{a} : \mathbf{b} : 3\mathbf{c} = 3\text{P}$$

$$\mathbf{a} : 2\mathbf{b} : \frac{3}{2}\mathbf{c} = \frac{3}{2}\,\overline{\text{P}}2$$

$$2\mathbf{a} : \mathbf{b} : 2\mathbf{c} = 2\breve{\text{P}}2$$

$$\infty\mathbf{a} : \mathbf{b} : 2\mathbf{c} = 2\overline{\text{P}}\infty$$

$$\mathbf{a} : \frac{3}{2}\,\mathbf{b} : \infty\mathbf{c} = \infty\overline{\text{P}}\frac{3}{2}$$

Notation de Lévy. — Le solide fondamental est le prisme droit à base rhombe, présentant une arête verticale obtuse en avant (*fig.* 7). Il possède deux faces *p* (base), quatre facettes prismatiques *m*; quatre angles obtus *a*, et quatre angles aigus *e*; huit arêtes horizontales *b*, deux arêtes verticales obtuses *h*, et deux arêtes verticales aiguës *g*.

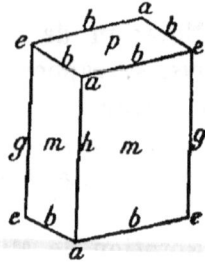

Fig. 7.

Les axes étant deux arêtes *b*, et l'arête *g* ou *h* aboutissant au sommet de l'angle *e* ou de l'angle *a*, sont donc, pour les deux premiers, les bissectrices des axes de Weiss; l'axe vertical reste le même pour les deux modes de notation.

Une troncature quelconque de l'angle *a*, notée en Weiss par le symbole $\mathbf{a} : n\mathbf{b} : m\mathbf{c}$, sera représentée en Lévy par $b^{\frac{1}{x}} b^{\frac{1}{y}} h^{\frac{1}{z}}$.

Une troncature de l'angle *e*, notée $n\mathbf{a} : \mathbf{b} : m\mathbf{c}$ en Weiss, le serait en Lévy par le symbole $b^{\frac{1}{x}} b^{\frac{1}{y}} g^{\frac{1}{z}}$.

Entre les indices $\frac{1}{x}$, $\frac{1}{y}$, $\frac{1}{z}$ et h, k, l existent les relations suivantes :

$$h - k = x, \qquad h + k = y, \qquad l = z.$$

On passera donc d'abord en Lévy, puis en Miller, et réciproquement.

EXEMPLES :

$\mathbf{a} : 2\mathbf{b} : \frac{2}{3}\mathbf{c}$ deviendra (213) en Miller, et $b^1 b^{\frac{1}{3}} h^{\frac{1}{3}} = a_{\frac{1}{3}}$ en Lévy

$2\mathbf{a} : \mathbf{b} : \mathbf{c}$	—	{122}	—	$b^1 b^{\frac{1}{3}} g^2$	—
$\mathbf{a} : \infty\mathbf{b} : \frac{3}{2}\mathbf{c}$	—	{302}	—	$b^3 b^3 h^2 = a^3$	—
$\infty\mathbf{a} : \mathbf{b} : \frac{1}{2}\mathbf{c}$	—	{012}	—	$b^1 b^1 g^{\frac{1}{2}} = e^2$	—
$\mathbf{a} : 3\mathbf{b} : \infty\mathbf{c}$	—	{310}	—	$b^2 b^4 h^0 = h^2$	—
$2\mathbf{a} : \mathbf{b} : \infty\mathbf{c}$	—	{120}	—	$b^1 b^{\frac{1}{3}} g^0 = g^3$	—

NOMS DES FORMES	WEISS	MILLER	NAUMANN	LÉVY
Pinakoïdes				
Base	∞ a : ∞ b : c	{001} •	$0P$	p
Macropinakoïde.....................	a : ∞ b : ∞ c	{100}	$\infty \bar{P} \infty$	h^1
Brachypinakoïde	∞ a : b : ∞ c	{010}	$\infty \breve{P} \infty$	g^1
Pyramides				
Protopyramide fondamentale...........	a : b : c	{111}	P	$b^{\frac{1}{2}}$
Protopyramide ou de la série verticale..	a : b : mc	{hhl}	mP	$b^{\frac{l}{2h}} = b^{\frac{1}{2m}}$
— —	a : b : 2c	{221}	$2P$	$b^{\frac{1}{4}}$
— —	a : b : ½ c	{112}	$\frac{1}{2}P$	b^1
Makropyramide......................	a : nb : mc	{hkl} (h > k)	$m\bar{P}n$	$\frac{b^{\frac{1}{h-k}}\ b^{\frac{1}{h+k}}\ h^{\frac{1}{l}}}{b^{m(n-1)}\ b^{m(n+1)}\ h^{\frac{1}{n}}}$
—	a : 2b : c	{212}	$\bar{P}2$	$b^1\ b^{\frac{1}{3}}\ h^{\frac{1}{2}}$
—	a : 2b : ⅔ c	{213}	$\frac{2}{3}\bar{P}2$	$b^1\ b^{\frac{1}{3}}\ h^{\frac{1}{3}} = a_{\frac{1}{3}}$
Brachypyramide..............	na : b : mc	{hkl} (h < k)	$m\breve{P}n$	$\frac{b^{\frac{1}{h-k}}\ b^{\frac{1}{h+k}}\ g^{\frac{1}{l}}}{b^{m(n-1)}\ b^{m(n+1)}\ g^{\frac{1}{n}}}$
—	2a : b : c	{122}	$\breve{P}2$	$b^1\ b^{\frac{1}{3}}\ g^{\frac{1}{2}}$
—	2a : b : ⅔ c	{123}	$\frac{2}{3}\breve{P}2$	$b^1\ b^{\frac{1}{3}}\ g^{\frac{1}{3}} = e_{\frac{1}{3}}$
Prismes				
Protoprisme............	a : b : ∞ c	{110}	∞P	m
Makroprisme................	a : nb : ∞ c	{hk0} (h > k)	$\infty \bar{P}n$	$\frac{h+k}{h-k} = \frac{n+1}{n-1}$
—	a : 2b : ∞ c	{210}	$\infty \bar{P}2$	h^3
Brachyprisme	na : b : ∞ c	{hk0} (h < k)	$\infty \breve{P}n$	$\frac{k+h}{g^{k-h}} = \frac{n+1}{g^{n-1}}$
—	2a : b : ∞ c	{120}	$\infty \breve{P}2$	g^3
Dômes				
Makrodôme primaire..................	a : ∞ b : c	{101}	$\bar{P} \infty$	a^1
Makrodôme..........................	a : ∞ b : mc	{h0l}	$m\bar{P} \infty$	$a^{\frac{l}{h}} = a^{\frac{1}{m}}$
—	a : ∞ b : 2c	{201}	$2\bar{P} \infty$	$a^{\frac{1}{2}}$
Brachydôme primaire..................	∞ a : b : mc	{011}	$\breve{P} \infty$	e^1
Brachydôme..........................	∞ a : b : mc	{0kl}	$m\breve{P} \infty$	$e^{\frac{l}{k}} = e^{\frac{1}{m}}$
—	∞ a : b : 2c	{021}	$2\breve{P} \infty$	$e^{\frac{1}{2}}$

SYSTÈME MONOSYMÉTRIQUE

Notation de Weiss. — Les trois paramètres **a**, **b**, **c** se rapportent : le premier, à l'axe incliné ou klinodiagonale; le second, à l'axe horizontal ou orthodiagonale; et le dernier, à l'axe vertical. L'angle obtus β que fait la klinodiagonale avec l'axe vertical est situé en avant et en haut.

Une facette quelconque est notée **a** : n**b** : m**c**.

Si l'axe incliné est coupé dans le sens négatif, le paramètre **a** est accentué.

Exemple : **a'** : n**b** : m**c**.

Notation de Miller. — Les axes sont identiques à ceux de Weiss ; les caractéristiques sont placées dans le même ordre. Si une caractéristique se rapporte au paramètre **a'**, la caractéristique correspondante de Miller sera surmontée du signe —. Ainsi (hkl) désignera une troncature de l'angle o du prisme de Lévy, tandis que $(\bar{h}kl)$ représentera une troncature de l'angle a. Les nombres h, k, l sont toujours les inverses des indices de Weiss.

Exemples :

$$3\mathbf{a} : \mathbf{b} : \frac{3}{2}\mathbf{c} = \{132\}$$

$$\mathbf{a'} : 2\mathbf{b} : \frac{2}{3}\mathbf{c} = \{\bar{2}13\}$$

Notation de Naumann. — Les axes sont les mêmes que ceux de Weiss. La protohémipyramide postérieure, c'est-à-dire celle qui se trouve dans l'angle aigu des axes est notée + P, l'antérieure — P.

Une pyramide sera notée $\pm m\overset{\mathrm{P}}{}n$, si n se rapporte à la klinodiagonale, et $\pm m\mathrm{P}n$, si n se rapporte à l'orthodiagonale, m et n étant les indices de Weiss.

Exemples :

$$\mathbf{a} : \mathbf{b} : \frac{1}{2}\mathbf{c} = -\frac{1}{2}\mathrm{P}$$

$$\mathbf{a'} : \infty\mathbf{b} : 2\mathbf{c} = + 2\mathrm{P}\infty$$

$$\infty\mathbf{a} : \mathbf{b} : 3\mathbf{c} = - 3\mathrm{P}\infty$$

$$2\mathbf{a'} : \mathbf{b} : \frac{2}{3}\mathbf{c} = -\frac{2}{3}\overset{\mathrm{P}}{\mathrm{P}}2$$

Notation de Lévy. — Le solide fondamental de Lévy est le prisme oblique à base rhombe. Ce prisme est placé (*fig.* 8) de façon à ce que les arêtes latérales soient verticales, la diagonale horizontale de la base faisant face à l'observateur et la diagonale inclinée allant en s'abaissant d'arrière en avant.

On désigne par *a* les angles culminants aigus, par *o* les angles obtus et par *e* les angles latéraux. Les arêtes verticales situées dans le plan de symétrie sont notées *h*, les deux autres *g*; les arêtes aboutissant aux angles *a* sont notées *b* ; celles aboutissant aux angles *o* sont notées *d*. La base est désignée par *p*, et les facettes prismatiques par *m*.

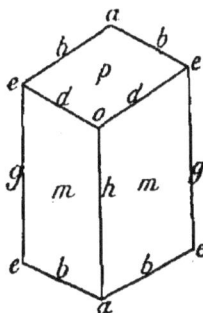

Fig. 8.

L'axe vertical est le même que celui de Weiss ; les deux autres sont les côtés du rhombe dont les axes de Weiss sont les diagonales.

Une troncature antérieure de l'angle *e* sera notée $d^{\frac{1}{x}}b^{\frac{1}{y}}g^{\frac{1}{z}}$;

une troncature postérieure du même angle serait notée $b^{\frac{1}{x}}d^{\frac{1}{y}}g^{\frac{1}{z}}$ et ainsi de suite.

Entre les indices $\frac{1}{x} \cdot \frac{1}{y} \cdot \frac{1}{z}$ et *h*, *k* et *l* existent les relations suivantes :

$$h - k = x \qquad h + k = y \qquad l = z.$$

EXEMPLE :

$$3a : b : \infty c = \{130\} = d^{\frac{1}{2}}b^{\frac{1}{4}}g^{\frac{1}{0}} = g^2$$

$$a : 4b : \infty c = \{410\} = d^{\frac{1}{3}}d^{\frac{1}{5}}h^{\frac{1}{0}} = h^{\frac{5}{3}}$$

$$a' : b : \frac{1}{3} c = \{\bar{1}13\} = b^{\frac{1}{0}}b^{\frac{1}{2}}h^{\frac{1}{3}} = b^{\frac{3}{2}}$$

$$3a' : b : 3c = \{\bar{1}31\} = b^{\frac{1}{2}}b^{\frac{1}{4}}g^{1}$$

$$2a : b : \frac{2}{3} c = \{213\} = d^{1}d^{\frac{1}{3}}h^{\frac{1}{3}} = o_{\frac{1}{3}}$$

Transformation des notations du système monosymétrique

NOMS DES FORMES	WEISS	MILLER	NAUMANN	LÉVY
Pinakoïdes				
Base.............	$\infty\,a : \infty\,b : c$	{001}	0P	p
Klinopinakoïde....	$\infty\,a : b : \infty\,c$	{010}	$\infty\,\breve{N}\,\infty$	g^1
Orthopinakoïde....	$a : \infty\,b : \infty\,c$	{100}	$\infty\,\breve{P}\,\infty$	h^1
Hémipyramides				
Protohémipyr. fondamentale antérieure..........	$a : b : c$	{111}	$-\,P$	$d^{\frac{1}{2}}$
Protohémipyr. fondamentale postérieure..........	$a' : b : c$	{$\bar{1}$11}	$+\,P$	$b^{\frac{1}{2}}$
Protohémipyr. antérieure.........	$a : b : mc$	{hhl}	$-\,mP$	$d^{\frac{1}{2h}} = d^{\frac{1}{2m}}$
Protohémipyr. antérieure.........	$a : b : \frac{1}{2}\,c$	{112}	$-\frac{1}{2}\,P$	d^1
Protohémipyr. postérieure.........	$a' : b : mc$	{$\bar{h}hl$}	$+\,mP$	$b^{\frac{1}{2h}} = b^{\frac{1}{2m}}$
Protohémipyr. postérieure.........	$a' : b : \frac{3}{2}\,c$	{$\bar{3}$32}	$+\frac{3}{2}\,P$	$b^{\frac{1}{3}}$
Hémiklinopyr. antérieure.........	$na : b : mc$	{hkl} $(h<k)$	$-\,m\breve{N}n$	$d^{\frac{1}{k-h}}\,b^{\frac{1}{k+h}}\,g^{\frac{1}{l}} = \overline{d^{\frac{1}{m(n-1)}}\,b^{\frac{1}{m(n+1)}}\,g^{\frac{1}{n}}}$
Hémiklinopyr. antérieure.........	$\frac{3}{2}\,a : b : 3c$	{132}	$-\frac{3}{2}\,\breve{N}3$	$d^{\frac{1}{2}}\,b^{\frac{1}{4}}\,g^{\frac{1}{2}}$
Hémiklinopyr. postérieure.........	$na' : b : mc$	{$\bar{h}kl$} $(h<k)$	$+\,m\breve{N}n$	$b^{\frac{1}{k-h}}\,d^{\frac{1}{k+h}}\,g^{\frac{1}{l}} = \overline{b^{\frac{1}{m(n-1)}}\,d^{\frac{1}{m(n+1)}}\,g^{\frac{1}{n}}}$
Hémiklinopyr. postérieure.........	$\frac{3}{2}\,a' : b : 3c$	{$\bar{1}$32}	$+\frac{3}{2}\,\breve{N}3$	$b^{\frac{1}{2}}d^{\frac{1}{4}}g^{\frac{1}{2}}$
Hémiorthopyr. antérieure.........	$a : nb : mc$	{hkl} $(h>k)$	$-\,m\breve{P}n$	$d^{\frac{1}{h-k}}\,d^{\frac{1}{h+k}}\,h^{\frac{1}{l}} = \overline{d^{\frac{1}{m(n-1)}}d^{\frac{1}{m(n+1)}}h^{\frac{1}{n}}}$
Hémiorthopyr. antérieure.........	$a : 3b : \frac{3}{2}\,c$	{312}	$-\frac{3}{2}\,\breve{P}3$	$d^{\frac{1}{2}}d^{\frac{1}{4}}h^{\frac{1}{2}} = o_2$
Hémiorthopyr. postérieure.........	$a' : nb : mc$	{$\bar{h}kl$} $(h>k)$	$+\,m\breve{P}n$	$b^{\frac{1}{h-k}}\,b^{\frac{1}{h+k}}\,h^{\frac{1}{l}} = \overline{b^{\frac{1}{m(n-1)}}\,b^{\frac{1}{m(n+1)}}\,h^{\frac{1}{n}}}$
Hémiorthopyr. postérieure.........	$a' : 2b : 2c$	{$\bar{2}$11}	$+\,2\breve{P}2$	$b^1b^{\frac{1}{4}}h^1 = a_3$

NOMS DES FORMES	WEISS	MILLER	NAUMANN	LÉVY
Prismes				
Protoprisme.......	$a : b : \infty\, c$	{110}	∞P	m
Klinoprisme......	$na : b : \infty\, c$	{hk0} $(h < k)$	∞Pn	$g^{\frac{k+h}{k-h}} = g^{\frac{n+1}{n-1}}$
—	$3a : b : \infty\, c$	{130}	$\infty \overset{\mathrm{P}}{\mathrm{R}} 3$	g^2
Orthoprisme	$a : nb : \infty\, c$	{hk0} $(h > k)$	$\infty \tfrac{\mathrm{P}}{\mathrm{r}} n$	$h^{\frac{h+k}{h-k}} = h^{\frac{n+1}{n-1}}$
—	$a : \frac{3}{2} b : \infty\, c$	{320}	$\infty \tfrac{\mathrm{P}}{\mathrm{r}} \frac{3}{2}$	h^5
Dômes				
Klinodôme........	$\infty\, a : b : mc$	{0kl}	$m\overset{\mathrm{P}}{\mathrm{R}} \infty$	$e^{\frac{l}{k}} = e^{\frac{1}{m}}$
—	$\infty\, a : b : c$	{011}	$\overset{\mathrm{P}}{\mathrm{R}} \infty$	e^l
—	$\infty\, a : b : 2c$	{021}	$2\overset{\mathrm{P}}{\mathrm{R}} \infty$	$e^{\frac{1}{2}}$
Hémiorthodôme antérieur......	$a : \infty\, b : mc$	{h0l}	$- m\tfrac{\mathrm{P}}{\mathrm{r}} \infty$	$o^{\frac{l}{h}} = o^{\frac{1}{m}}$
—	$a : \infty\, b : c$	{101}	$- \tfrac{\mathrm{P}}{\mathrm{r}} \infty$	o^1
—	$a : \infty\, b : 2c$	{201}	$- 2\tfrac{\mathrm{P}}{\mathrm{r}} \infty$	o^2
Hémiorthodôme postérieur.....	$a' : \infty\, b : mc$	{$\bar{h}$0l}	$+ m\tfrac{\mathrm{P}}{\mathrm{r}} \infty$	$a^{\frac{l}{h}} = a^{\frac{1}{m}}$
—	$a' : \infty\, b : c$	{$\bar{1}$01}	$+ \tfrac{\mathrm{P}}{\mathrm{r}} \infty$	a^1
—	$a' : \infty b : \frac{1}{2} c$	{$\bar{1}$02}	$+ \frac{1}{2} \tfrac{\mathrm{P}}{\mathrm{r}} \infty$	a^2

SYSTÈME ASYMÉTRIQUE

Notation de Weiss. — Les trois paramètres de Weiss, **a**, **b**, **c** se rapportent : le premier à la brachydiagonale OA faisant avec OC un angle obtus β (*fig.* 9), les angles AOB = γ et BOC = α étant soit aigus, soit obtus ; le second paramètre *b* se rapporte à la makrodiagonale OB, et le troisième **c** à l'axe vertical OC.

Une facette quelconque est notée **a** : *n***b** : *m***c** ; on accentue le paramètre coupé dans le sens négatif.

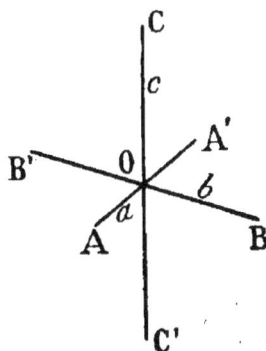

Fig. 9.

Notation de Miller. — Les axes sont identiques à ceux de Weiss ; les indices sont les inverses de ceux de Weiss.

EXEMPLES :

$$a' : \infty\, b : 3c = \{\bar{3}01\}$$

$$a : b' : \frac{3}{2}\, c = \{3\bar{\bar{3}}2\}$$

Notation de Naumann. — Les axes sont les mêmes que ceux de Weiss. Le symbole général sera encore mPn, la caractéristique m se rapportant à l'axe vertical, et n à l'un des deux axes horizontaux. De même que pour le système rhombique, si n est la caractéristique de la makrodiagonale, mPn deviendra $m\overline{P}n$; on l'écrira $m\breve{P}n$, si n est la caractéristique de la brachydiagonale ; de plus, on accentue la lettre P en haut ou en bas, à droite ou à gauche, selon celles des quatre tétartopyramides dont il s'agit.

EXEMPLES :

$$a : b : \frac{3}{2}\, c = \frac{3}{2}\, P'$$

$$2a : b : 2c' = 2\breve{P}.2$$

$$a : \frac{3}{2}\, b : 3c = 3'\overline{P}\,\frac{3}{2}$$

$$a : 3b : \infty c = \infty'\breve{P}\,\frac{3}{2}$$

$$a' : \infty\, b : 3c = 3.\overline{P}, \infty$$

Notation de Lévy. — Le prisme doublement oblique est pris comme forme fondamentale (*fig.* 10). Ce prisme présente trois genres de facettes : la base est notée p, et les facettes prismatiques m et t. Les huit angles solides sont de quatre espèces a, e, i et o. Les arêtes basiques sont notées b, c, d et f, et enfin les arêtes verticales g et h.

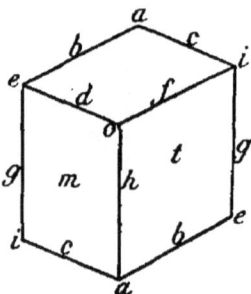

FIG. 10.

L'axe vertical est le même que celui de Weiss ; les deux autres sont les côtés du parallélogramme dont les diagonales sont les axes de Weiss.

Une troncature de l'angle o sera notée, par exemple,

$$d^{\frac{1}{x}} f^{\frac{1}{y}} h^{\frac{1}{z}}.$$

Entre les indices $\frac{1}{x}$, $\frac{1}{y}$ et $\frac{1}{z}$ et h, k, l existent encore les relations

$$h - k = x, \qquad h + k = y, \qquad l = z.$$

EXEMPLES :

$$\frac{3}{2} \mathbf{a} : \mathbf{b}' : 3\mathbf{c} = \{3\bar{2}1\} = d^1 f^{\frac{1}{5}} h^1$$

$$2\mathbf{a} : \mathbf{b}' : \mathbf{c}' = \{1\bar{2}\bar{2}\} = c^1 b^{\frac{1}{3}} h^{\frac{1}{2}}$$

Pour des troncatures parallèles à l'axe vertical, Lévy indique par h^x et g^x des hémiprismes dont les faces sont situées à droite du côté de t, tandis que $^x h$ et $^x g$ représentent des facettes situées à gauche du côté de m.

EXEMPLES :

$$2\mathbf{a} : \mathbf{b} : \infty\mathbf{c} = \{120\} = f^1 c^{\frac{1}{3}} g^0 = g^3$$

$$\mathbf{a} : \mathbf{b}' : \infty\mathbf{c} = \{3\bar{2}0\} = d^1 f^{\frac{1}{5}} h^0 = {}^3 h$$

Transformation des notations du système asymétrique

NOMS DES FORMES	WEISS	MILLER	NAUMANN	LÉVY
Pinakoïdes				
Base	$\infty\,a : \infty\,b : c$	$\{001\}$	$0P$	p
Brachypinakoïde...	$\infty\,a : b : \infty\,c$	$\{010\}$	$\infty\,\widetilde{P}\,\infty$	g^1
Makropinakoïde ...	$a : \infty\,b : \infty\,c$	$\{100\}$	$\infty\,\bar{P}\,\infty$	h^1
Hémiprismes				
Protoprisme droit..	$a : b : \infty\,c$	$\{110\}$	$\infty\,P'$	t
— gauche	$a : b' : \infty\,c$	$\{1\bar{1}0\}$	$\infty\,'P$	m
Hémibrachyprisme droit	$na : b : \infty\,c$	$\{hk0\}\,(h<k)$	$\infty\,\widetilde{P}'n$	$\dfrac{h+k}{g^{k-h}} = \dfrac{n+1}{g^{n-1}}$
Hémibrachyprisme droit	$2a : b : \infty\,c$	$\{120\}$	$\infty\,\widetilde{P}'2$	g^3
Hémibrachyprisme gauche	$na : b' : \infty\,c$	$\{\bar{h}\bar{k}0\}$	$\infty\,'\widetilde{P}n$	$\dfrac{h+k}{k-hg} = {}^{n-1}g$
Hémibrachyprisme gauche	$3a : b' : \infty\,c$	$\{1\bar{3}0\}$	$\infty\,'\widetilde{P}3$	${}^2g$
Hémimakroprisme droit	$a : nb : \infty\,c$	$\{hk0\}\,(h>k)$	$\infty\,\bar{P}'n$	$h\dfrac{h+k}{h-k} = h\dfrac{n+1}{n-1}$
Hémimakroprisme droit	$a : 3b : \infty\,c$	$\{310\}$	$\infty\,\bar{P}'3$	h^2
Hémimakroprisme gauche	$a : nb' : \infty\,c$	$\{\bar{h}k0\}$	$\infty\,'\bar{P}n$	$\dfrac{h+k}{h-kh} = {}^{n-1}h$
Hémimakroprisme gauche	$a : \dfrac{3}{2}\,b' : \infty\,c$	$\{\bar{3}20\}$	$\infty\,'\bar{P}\,\dfrac{3}{2}$	$5h$
Hémidômes				
Hémibrachydôme droit	$\infty\,a : b : mc$	$\{0kl\}$	$m\,\widetilde{P}'\,\infty$	$\dfrac{l}{i^k} = \dfrac{1}{i^m}$
Hémibrachydôme droit	$\infty\,a : b : \dfrac{1}{2}\,c$	$\{012\}$	$\dfrac{1}{2}\,'\widetilde{P}\,\infty$	i^2
Hémibrachydôme gauche	$\infty\,a : b' : mc$	$\{0\bar{k}l\}$	$m\,\widetilde{P}'\,\infty$	$\dfrac{l}{e^k} = \dfrac{1}{e^m}$
Hémibrachydôme gauche	$\infty\,a : b' : 2c$	$\{0\bar{2}1\}$	$2\,\widetilde{P}'\,\infty$	$\dfrac{1}{e^2}$
Hémimakrodôme antérieur........	$a : \infty\,b : mc$	$\{h0l\}$	$m\,\bar{P}'\,\infty$	$\dfrac{l}{o^h} = \dfrac{1}{o^m}$
Hémimakrodôme antérieur........	$a : \infty\,b : \dfrac{3}{4}\,c$	$\{304\}$	$\dfrac{3}{4}\,\bar{P}'\,\infty$	$\dfrac{4}{o^3}$

NOMS DES FORMES	WEISS	MILLER	NAUMANN	LÉVY
Hémimakrodôme postérieur.	a′ : ∞ b : mc	$\{\bar{h}0l\}$	$m.\overline{P}.\infty$	$a^{\frac{l}{h}} = a^{\frac{1}{m}}$
Hémimakrodôme postérieur.......	a′ : ∞ b : 3c	$\{\bar{3}01\}$	$3.\overline{P}.\infty$	$\overline{a^3}$
Pyramides				
Pyramide fonda- mentale supé- rieure droite....	a : b : c	$\{111\}$	P′	$f^{\frac{1}{2}}$
Pyramide fonda- mentale supé- rieure gauche....	a : b′ : c	$\{\bar{1}11\}$	′P	$d^{\frac{1}{2}}$
Pyramide fonda- mentale infé- rieure droite.....	a : b : c′	$\{11\bar{1}\}$	P,	$b^{\frac{1}{2}}$
Pyramide fonda- mentale infé- rieure gauche....	a : b′ : c′	$\{\bar{1}1\bar{1}\}$	,P	$c^{\frac{1}{2}}$
Tétartopyramide supérieure droite.	a : b : mc	$\{hhl\}$	mP′	$f^{\frac{l}{2h}} = f^{\frac{1}{2m}}$
Tétartopyramide supérieure droite.	a : b : $\frac{2}{3}$ c	$\{223\}$	$\frac{3}{2}$ P′	$f^{\frac{3}{4}}$
Tétartopyramide supérieure gauche	a : b′ : mc	$\{\bar{h}hl\}$	m′P	$d^{\frac{l}{2h}} = d^{\frac{1}{2m}}$
Tétartopyramide supérieure gauche	a : b′ : $\frac{1}{2}$ c	$\{\bar{1}12\}$	$\frac{1}{2}$ ′P	d^1
Tétartopyramide inférieure droite.	a : b : mc′	$\{hh\bar{l}\}$	mP,	$b^{\frac{l}{2h}} = b^{\frac{1}{2m}}$
Tétartopyramide inférieure droite.	a : b : 2c′	$\{22\bar{1}\}$	2P,	$b^{\frac{1}{4}}$
Tétartopyramide inférieure gauche.	a : b′ : mc′	$\{\bar{h}h\bar{l}\}$	m,P	$c^{\frac{l}{2h}} = c^{\frac{1}{2m}}$
Tétartopyramide inférieure gauche.	a : b′ : $\frac{3}{2}$ c′	$\{3\bar{3}\bar{2}\}$	$\frac{3}{2}$,P	$c^{\frac{1}{3}}$
Tétartobrachypyra- mide supérieure droite	na : b : mc	$\{hkl\}(h<k)$	$m\overline{P}'n$	$f^{\frac{1}{k-h}} c^{\frac{1}{k+h}} g^{\frac{1}{l}} = $ $f^{\frac{1}{m(n-1)}} c^{\frac{1}{m(n+1)}} g^{\frac{l}{n}}$
Tétartobrachypyra- mide supérieure droite	3a : b : 3c	$\{131\}$	$3\overline{P}'3$	$f^{\frac{1}{2}} c^{\frac{1}{4}} g^1$
Tétartobrachypyra- mide supérieure gauche..........	na : b′ : mc	$\{h\bar{k}l\}$	$m'\overline{P}n$	$d^{\frac{1}{k-h}} b^{\frac{1}{k+h}} g^{\frac{1}{l}}$

NOMS DES FORMES	WEISS	MILLER	NAUMANN	LEVY
Tétartobrachypyramide supérieure gauche	$3a : b' : 3c$	$\{1\bar{3}1\}$	$3'\bar{P}3$	$d^{\frac{1}{2}} b^{\frac{1}{4}} g^{\mathrm{l}}$
Tétartobrachypyramide inférieure droite	$na : b : mc'$	$\{hk\bar{l}\}$	$m\breve{P}.n$	$b^{\frac{1}{k-h}} d^{\frac{1}{k+h}} g^{\frac{1}{l}}$
Tétartobrachypyramide inférieure droite	$2a : b : 2c'$	$\{12\bar{1}\}$	$2\breve{P}.2$	$b^{\mathrm{l}} d^{\frac{1}{3}} g^{\mathrm{l}}$
Tétartobrachypyramide inférieure gauche	$na : b' : mc'$	$\{h\bar{k}\bar{l}\}$	$m\breve{P}n$	$c^{\frac{1}{k-h}} f^{\frac{1}{k+h}} g^{\frac{1}{l}}$
Tétartobrachypyramide inférieure gauche	$2a : b' : \frac{2}{3}c'$	$\{1\bar{2}\bar{3}\}$	$\frac{2}{3}\breve{P}3$	$c^{\mathrm{l}}f^{\frac{1}{3}}g^{\frac{4}{3}}$
Tétartomakropyramide supérieure droite	$a : nb : mc$	$\{hkl\}(h>k)$	$m\overline{P}'n$	$f^{\frac{1}{h-k}} d^{\frac{1}{h+k}} h^{\frac{1}{l}} = f^{\frac{1}{m(n-1)}} d^{\frac{1}{m(n+1)}} h^{\frac{1}{n}}$
Tétartomakropyramide supérieure droite	$a : 3b : 3c$	$\{311\}$	$3\overline{P}'3$	$f^{\frac{1}{2}} d^{\frac{1}{4}} h^{\mathrm{l}}$
Tétartomakropyramide supérieure gauche	$a : nb' : mc$	$\{h\bar{k}l\}$	$m'\overline{P}n$	$d^{\frac{1}{h-k}} f^{\frac{1}{h+k}} h^{\frac{1}{l}}$
Tétartomakropyramide supérieure gauche	$a : \frac{3}{2}b' : 3c$	$\{3\bar{2}1\}$	$3'\overline{P}\frac{3}{2}$	$d^{\mathrm{l}} f^{\frac{1}{3}} h^{\mathrm{l}}$
Tétartomakropyramide inférieure droite	$a : nb : mc'$	$\{hk\bar{l}\}$	$m\overline{P}.n$	$b^{\frac{1}{h-k}} c^{\frac{1}{h+k}} h^{\frac{1}{l}}$
Tétartomakropyramide inférieure droite	$a : 3b : \frac{3}{2}c'$	$\{31\bar{2}\}$	$\frac{3}{2}\overline{P}.3$	$b^{\frac{1}{2}}c^{\frac{1}{4}}h^{\frac{1}{2}}$
Tétartomakropyramide inférieure gauche	$a : nb' : mc'$	$\{h\bar{k}\bar{l}\}$	$m\overline{P}n$	$c^{\frac{1}{h-k}} b^{\frac{1}{h+k}} h^{\frac{1}{l}}$
Tétartomakropyramide inférieure gauche	$a : 2b' : c'$	$\{2\bar{1}\bar{2}\}$	$\overline{P}2$	$c^{\mathrm{l}} b^{\frac{1}{3}} h^{\frac{1}{2}}$

III. — ZONES

On appelle zone l'ensemble de toutes les facettes d'un cristal se coupant suivant des intersections parallèles entre elles.

Pour qu'une facette (pqr) soit en zone avec les deux facettes (efg) et (hkl), il faut que :

$$(fl - gk)\, p + (gh - el)\, q + (ek - fh)\, r = 0.$$

Les trois coefficients de p, q et r dans l'équation de condition sont donnés par le schéma

$$\frac{e}{h} \;\bigg|\; \frac{f}{k} \times \frac{g}{l} \times \frac{e}{h} \times \frac{f}{k} \;\bigg|\; \frac{g}{l}.$$

On écrit à la suite deux fois les symboles de l'une et de l'autre facette en les plaçant sur deux lignes superposées ; on supprime la première et la dernière colonnes verticales, on multiplie en croix chaque indice de la ligne supérieure par l'indice qui le suit, puis par celui qui le précède à la rangée inférieure, et l'on intercale le signe — entre les deux produits.

Le même schéma donne pour symbole (pqr) d'une facette appartenant à deux zones $[uvw]$ et $[u'v'w']$:

$$p = vw' - wv'$$
$$q = wu' - uw'$$
$$r = uv' - vu'.$$

Le même schéma donne encore le symbole de la zone $[uvw]$ passant par les deux facettes (efg) et (hkl) :

$$u = fl - gk$$
$$v = gh - el$$
$$w = ek - fh.$$

EXEMPLES. — 1° Symbole de la zone passant par les deux facettes (123) et (113).

$$\frac{1\ \big|\ 2}{1\ \big|\ 1}\times\frac{3}{3}\times\frac{1}{1}\times\frac{2\ \big|\ 3}{1\ \big|\ 3}$$

Le symbole cherché est $[3 \quad 0 \quad \bar{1}]$

2° Symbole de la facette appartenant aux deux zones $[30\bar{1}]$ et $[01\bar{1}]$.

$$\frac{3\ \big|\ 0}{0\ \big|\ 1}\times\frac{\bar{1}}{1}\times\frac{3}{0}\times\frac{0\ \big|\ \bar{1}}{1\ \big|\ 1}$$

Le symbole cherché est $(1 \quad 3 \quad 3)$

3° La facette $(3\bar{1}1)$ est-elle en zone avec les facettes (201) et (314)?

$$\frac{2\ \big|\ 0}{3\ \big|\ 1}\times\frac{1}{4}\times\frac{2}{3}\times\frac{0\ \big|\ 1}{1\ \big|\ 4}$$

La zone a pour symbole $[\bar{1} \quad \bar{5} \quad 2]$

Or $(\bar{3}\times\bar{1})+(1\times\bar{5})+(1\times 2)=0.$

La première facette est par conséquent en zone avec les deux autres.

4° Symbole de la facette appartenant à deux zones; la première zone passant par les facettes (123) et (113), et la seconde par les facettes (011) et (122).

$$\frac{1\ \big|\ 2}{1\ \big|\ 1}\times\frac{3}{3}\times\frac{1}{1}\times\frac{2\ \big|\ 3}{1\ \big|\ 3}$$

Le symbole de la première zone est $[3 \quad 0 \quad \bar{1}]$

$$\frac{0\ \big|\ 1}{1\ \big|\ 2}\times\frac{1}{2}\times\frac{0}{1}\times\frac{1\ \big|\ 1}{2\ \big|\ 2}$$

Symbole de la deuxième zone $[0 \quad 1 \quad \bar{1}]$

$$\frac{3\ \big|\ 0}{0\ \big|\ 1}\times\frac{\bar{1}}{1}\times\frac{3}{0}\times\frac{0\ \big|\ \bar{1}}{1\ \big|\ 1}$$

La facette a pour symbole $(1 \quad 3 \quad 3)$

5° Soient (hkl) et $(h'k'l')$ les symboles de deux facettes. Une troisième facette en zone avec les deux premières et également inclinée sur chacune d'elles aura ses indices respectivement égaux à la somme des indices des deux premières facettes.

La facette également inclinée sur les deux facettes (213) et $(\bar{2}13)$, par exemple, a pour symbole (203).

IV. — REPRÉSENTATION DES CRISTAUX

On projette le cristal sur un plan parallèle à deux arêtes de la forme primitive au moyen de parallèles inclinées sur ce plan. Si ces parallèles étaient perpendiculaires au plan du tableau, la projection serait dite orthogonale. La projection orthogonale est quelquefois employée pour représenter des formes cristallines offrant une grande complication. En l'appliquant au cube, par exemple, ce cristal serait représenté par un carré.

Pour montrer au moins la moitié des faces du cristal et fournir une notion nette de son modelé, il faut faire subir à celui-ci un double mouvement de rotation de droite à gauche et d'arrière en avant.

Il s'agira de chercher les nouvelles positions occupées par les axes cristallographiques après que l'on aura fait tourner tout le système, d'abord d'un angle de déclinaison δ que d'ordinaire on choisit égal à 18° 26′ (cotg $\delta = 3$), et ensuite d'un angle d'inclinaison ε d'arrière en avant que l'on prend égal à 9° 28′ (cotg $\varepsilon = 2$ cotg $\delta = 6$).

Cette construction, assez laborieuse, est remplacée par la suivante, plus simple et qui donne à peu près les mêmes résultats.

CROIX AXIALE DU SYSTÈME CUBIQUE

Tracer les lignes KK′ et CC′ perpendiculaires entre elles (*fig.* 11), partager KK′ en six parties égales. Par chaque point de division de deux en deux, mener des parallèles à CC′. Prendre K′R $= \dfrac{KK'}{6}$. Joindre R à O et prolonger. L'inter-

section de RO avec les parallèles à OC menées par le second
et le quatrième point de division donne le point A et son
symétrique A'. L'un des axes cherchés est AOA'.

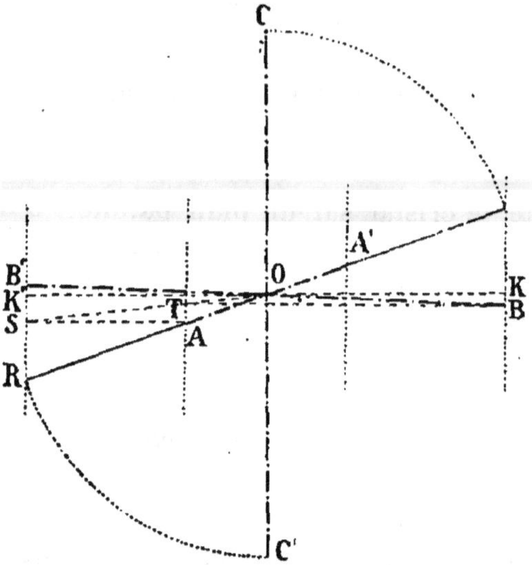

FIG. 11.

Par A mener AS parallèle à KK'. Joindre S à O. Du point T,
intersection de SO avec la parallèle à CC' menée par le
second point de division, mener TB parallèle à KK'. Joindre
BO et prolonger jusqu'en B'. Le second axe est BOB'.

Prendre OC = OC' = OR ; le troisième axe est COC'.

La croix axiale du système cubique étant construite, on
passera facilement à la croix axiale de chaque système cristallin.

Système hexagonal. — Soit OAA'BB'CC' la croix axiale du
système cubique (*fig.* 12). Sur OC on prendra une longueur
$OC_1 = OC \times c$, la valeur **c** étant la relation axiale du cristal
que l'on veut représenter. $C_1C'_1$ sera l'axe vertical en grandeur et en direction.

Sur OA on prend $OD = OA \dfrac{\sqrt{3}}{2}$. Soit E le milieu de OB.

Sur OE et OD construisons le parallélogramme ODFE. On prolonge FD et FE. On prend DG = DF et EG' = EF. Joignons G et F à O; les droites OB, OF, OG sont les trois axes secon-

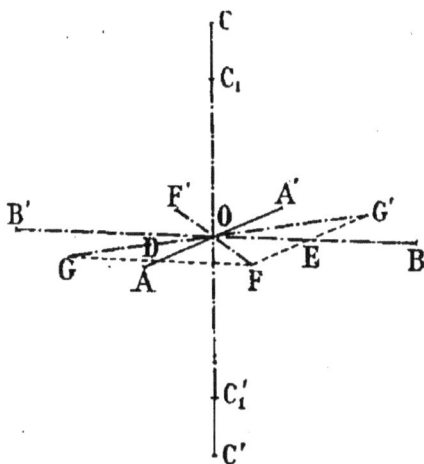

daires vus en perspective. Les axes transverses s'obtiendraient en menant par le centre des parallèles à FG', FB' et B'G'.

Système tétragonal. — Il suffira de prendre sur OC une longueur $OC_1 = OC \times c$, la valeur **c** étant la relation axiale du cristal à dessiner. Les deux axes horizontaux ne changent pas.

Système rhombique. — On prend $OC_1 = OC \times c$ et $OA_1 = OA \times a$, la relation axiale de la substance étant **a : 1 : c.**

Système monosymétrique. — Les axes BB' et CC', étant rectangulaires, ne changent pas de direction. Comme β est l'angle obtus fait par la klinodiagonale avec l'axe vertical, on prend sur OA (*fig.* 13) une longueur

$$OA_1 = OA \sin \beta',$$

β' étant égal à $(180 - \beta)$,

et sur OC′ une longueur

$$OC'_1 = OC' \cos \beta'.$$

La diagonale du parallélogramme $A_1OC'_1A_2$ construit sur OA_1 et sur OC'_1 deviendra la direction du nouvel axe $A_2A'_2$

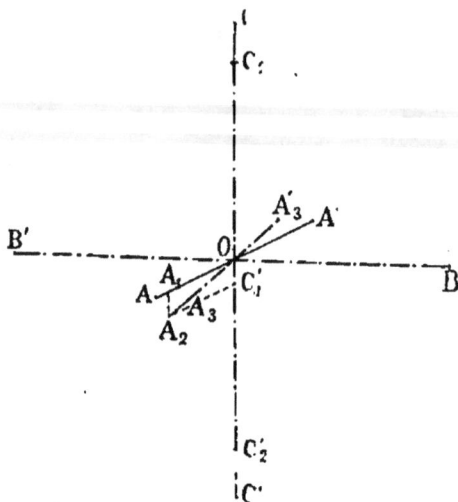

Fig. 13.

On multipliera ensuite les deux longueurs OA_2 par **a** et OC par **c**, d'après la relation axiale **a** : 1 : **c** du cristal.

Système asymétrique. — De ce que les axes du système asymétrique (*fig. 14*) font entre eux des angles α, β et γ, il résulte que les plans axiaux font entre eux des angles A, B, C, tels que

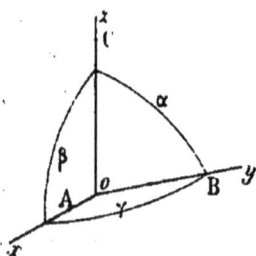

Fig. 14.

A = dièdre OA
B = dièdre OB
C = dièdre OC.

Si du centre O on décrit une sphère, les plans axiaux interceptent un triangle sphérique dont les côtés sont les angles α, β et γ, et dont les angles sont A, B et C.

Connaissant α, β, γ, et posant $\alpha + \beta + \gamma = 2p$, il vient

$$\sin \frac{C}{2} = \sqrt{\frac{\sin(p-\alpha)\sin(p-\beta)}{\sin \alpha \ \sin \beta}}.$$

Dès lors, étant donnée la croix axiale du système cubique, on prendra (*fig.* 15) :

$$OA_1 = OA \cos C$$
$$OB_1 = OB \sin C,$$

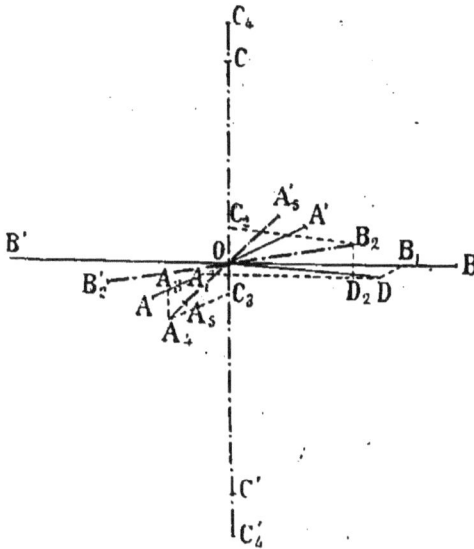

FIG. 15.

cette dernière longueur, à droite ou à gauche de O, suivant que C sera plus petit ou plus grand que 90°.

On forme le parallélogramme A_1DB_1O, on joint OD. On prend :

$$OD_2 = OD \sin \alpha$$
$$OC_2 = OC \cos \alpha.$$

On prendra OC_2 au-dessus ou au-dessous du centre suivant que l'angle α sera plus petit ou plus grand que 90°.

La diagonale OB_2 du parallélogramme $OD_2C_2B_2$ deviendra la direction de l'axe latéral.

Sur OA on prendra :

$$OA_3 = OA \sin \beta$$
$$OC_3 = OC' \cos \beta.$$

La diagonale du parallélogramme $OA_3C_3A_4$ représentera la direction de l'axe antérieur.

On multipliera enfin OA_4 par **a**, et OC par **c**, valeurs données par la relation axiale **a** : 1 : **c** du cristal à représenter.

REPRÉSENTATION D'UN CRISTAL EN PERSPECTIVE CAVALIÈRE

Chaque facette du cristal sera figurée par ses traces sur les plans axiaux. Les traces des facettes voisines se coupent en des points qui, joints entre eux, donnent les arêtes du cristal.

PREMIER EXEMPLE : **Ikositétraèdre.** — a : 2a : 2a.

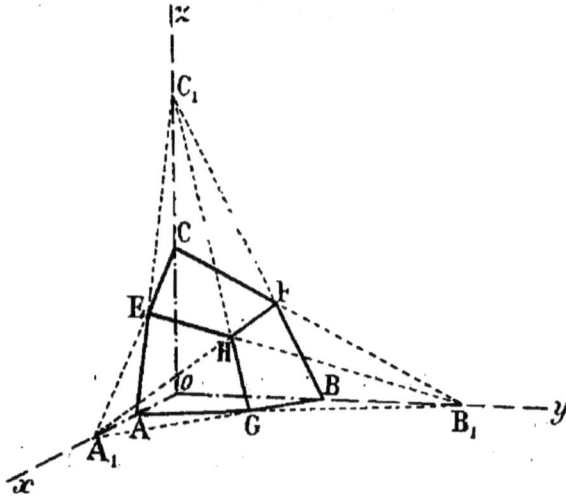

Fig. 16.

Les traces de la facette **a** : 2a : 2a (*fig.* 16) sont :

AB$_4$ sur le plan xy
AC$_4$ — xz
B$_4$C$_4$ — yz.

Les traces de la facette 2a : 2a : a sont :

A_1B_1 sur le plan xy

A_1C — xz

et B_1C — yz.

Les traces A_1C et AC_1 se coupent en E ; les traces CB_1 et C_1B_1 en B_1, ainsi que AB_1 et A_1B_1.

L'intersection des deux facettes **a** : 2a : 2a et 2a : 2a : **a** sera B_1E. C'est une arête du cristal.

En opérant de la même façon pour les autres facettes, on obtiendra toutes les arêtes.

Quand on aura construit la moitié du cristal, l'autre moitié s'obtiendra par symétrie.

Lorsque l'un des indices du cristal est égal à l'infini, c'est-à-dire lorsqu'il existe des facettes parallèles aux axes, il est préférable d'employer une méthode particulière qui découle de la simple inspection du cristal.

DEUXIÈME EXEMPLE : **Cube pyramidé.** — a : 2a : ∞ a. — La croix axiale du système cubique étant $OAA'BB'CC'$, considé-

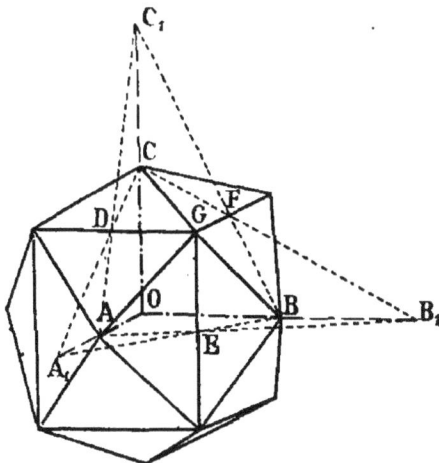

Fig. 17.

rons (*fig.* 17) les axes doubles OA_1, OB_1, OC_1. Joignons A_1B et AB_1. Ces droites se coupent en E. Exécutons la même construction pour les autres axes, c'est-à-dire joignons l'extrémité de la longueur **a** à l'extrémité de la longueur 2**a**. Nous obtiendrons les points D, E...

Par ces points, milieux des arêtes cubiques du cube pyramidé, on mène parallèlement aux axes des droites qui se coupent trois à trois aux sommets à six arêtes. Il ne reste plus alors qu'à joindre ces sommets à six arêtes aux extrémités des axes.

La méthode générale décrite ci-dessus présente quelquefois de graves inconvénients. Le grand nombre de lignes auxiliaires que l'on est obligé de tracer, si le cristal possède beaucoup de facettes, surcharge le dessin et exige une attention soutenue pour éviter les erreurs. D'autre part, les intersections des traces des différentes facettes, se trouvent parfois fort loin du centre de la croix axiale; on se voit donc forcé, soit d'employer de grandes feuilles de papier, soit de dessiner les axes à une petite échelle.

On obvie à ces inconvénients, en employant un procédé plus simple et plus expéditif. Comme l'arête d'intersection de deux faces est parallèle à l'axe de la zone à laquelle ces deux faces appartiennent, il suffira, pour avoir la direction de l'arête, de trouver la direction de l'axe de zone que l'on peut toujours supposer passant par l'origine.

Les symboles des deux facettes étant (efg) et (hkl), le symbole de l'axe de zone formé par ces deux facettes sera $[uvw]$, tel que :

$$u = fl - gk$$
$$v = gh - el$$
$$w = ek - fh.$$

Les trois indices u, v, w, déterminent la position d'un point, et la droite passant par ce point et le centre des axes est parallèle à l'intersection des deux facettes.

On prendra donc sur l'axe des x une longueur $u \times$ **a** ; on mènera une parallèle à l'axe des y, sur laquelle on prendra **b** $\times v$; par ce point, on tracera une parallèle à l'axe des z, sur laquelle on prendra $w \times$ **c**. La droite joignant le dernier point obtenu au centre est la direction cherchée.

Troisième exemple : **Représenter un cristal de topaze.** —
La topaze cristallise suivant le système rhombique, et sa
relation axiale est **a** : **b** : **c** = 0,5285 : 1 : 0,9539. Le
cristal à représenter se com-
pose (*fig.* 18) du protoprisme
{110}, d'un brachyprisme {120},
de la protopyramide {112}, du
brachydôme {011} et de la base
{001} ; de plus, il est hémimorphe.

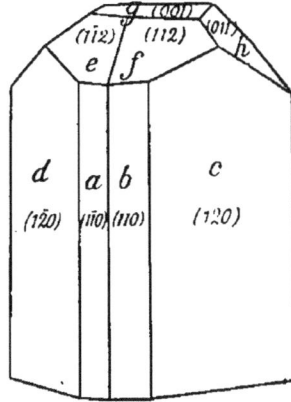

Fig. 18.

Après avoir multiplié les axes
antérieur et vertical du système
cubique par les valeurs de **a**
et de **c** données par la relation
axiale, OA, OB et OC sont les
axes du cristal.

Joignons AB (*fig.* 19); prenons
un point D sur AB; menons DE
parallèle à OB. Si l'on prend OF = 2OA, et si l'on mène DG
et DH parallèles à FB et à FB', les arêtes verticales du cris-

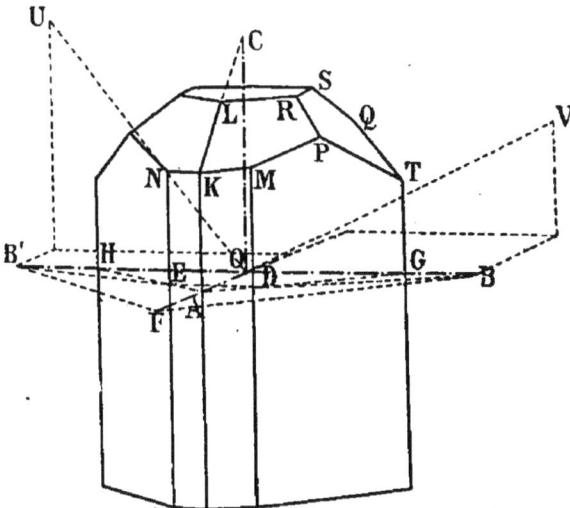

Fig. 19.

tal passent par les points H, E, A, D et G. En joignant CF,
on obtient le point K par la rencontre de cette droite avec

l'arête verticale menée par A. Si l'on prend un point L sur CK, on construit facilement les intersections de la base g avec les facettes voisines. La parallèle à AB, menée par K, fournit le point M.

L'axe de la zone fc a pour symbole :

$$
\begin{array}{ll}
f\dots\dots\dots\dots & 1 \\
c\dots\dots\dots\dots & 1
\end{array}
\left|
\begin{array}{c}
1 \\
2
\end{array}
\times
\begin{array}{c}
2 \\
0
\end{array}
\times
\begin{array}{c}
1 \\
1
\end{array}
\times
\begin{array}{c}
1 \\
2
\end{array}
\right|
\begin{array}{c}
2 \\
0
\end{array}
$$

$$[\bar{4} \quad 2 \quad 1]$$

On cherche la position du point dont les coordonnées sont $\bar{4}$, 2 et 1 ; c'est-à-dire que, à l'extrémité de la longueur **4a**, prise sur l'axe OA′, on mène une parallèle à l'axe OB, sur laquelle on prend une longueur égale à **2b**, enfin une longueur égale à **c** sur la parallèle à l'axe OC. En joignant le point obtenu au centre, on obtient la direction OV de l'arête fc. Il ne reste plus qu'à tracer par le point M une parallèle à OV.

L'axe de la zone fh est :

$$
\begin{array}{ll}
f\dots\dots\dots\dots & 1 \\
h\dots\dots\dots\dots & 0
\end{array}
\left|
\begin{array}{c}
1 \\
1
\end{array}
\times
\begin{array}{c}
2 \\
1
\end{array}
\times
\begin{array}{c}
1 \\
0
\end{array}
\times
\begin{array}{c}
1 \\
1
\end{array}
\right|
\begin{array}{c}
2 \\
1
\end{array}
$$

$$[\bar{1} \quad \bar{1} \quad 1]$$

La position du point dont les coordonnées sont $\bar{1}$, $\bar{1}$ et 1 fournit la direction OU de l'arête fh. On obtient donc le point P.

En opérant de la même façon pour les autres facettes, on aura le dessin de la partie supérieure du cristal. La partie inférieure, présentant l'intersection des faces prismatiques avec la base, sera dessinée sans difficulté.

DESSIN DES MACLES

Le dessin d'une mâcle exige deux systèmes d'axes, l'un placé dans sa position ordinaire, l'autre occupant, par rapport au premier, une position qui dépend du symbole de la face commune aux deux cristaux mâclés.

Soient OA, OB, OC (*fig.* 20) les axes du premier cristal, dont les paramètres sont **a, b** et **c**. Considérons le cas le plus général, et supposons qu'une facette quelconque HKL soit le plan d'hémitropie. On commencera par chercher le point Z, pied de la normale menée du centre O des axes au plan HKL.

Menons HL' et LH' parallèles à AC ; KL″ et LK′ parallèles

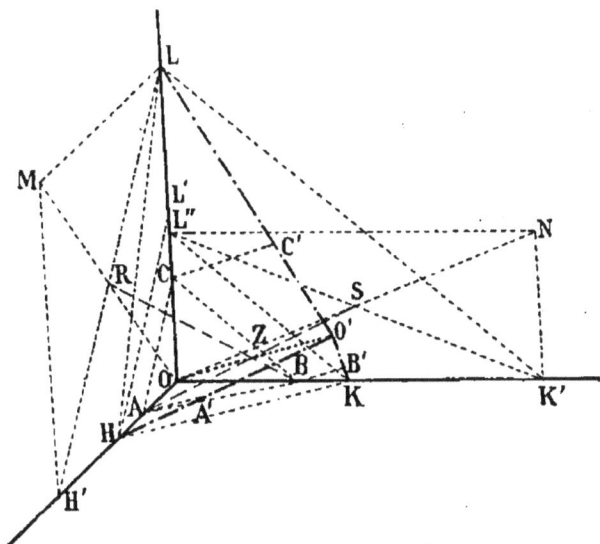

Fig. 20.

à BC. Construisons les deux parallélogrammes OH′ML′ et OK′NL″, dont les diagonales sont OM et ON. Les droites **OM** et HL se coupent en un point R ; KR est une hauteur du triangle HKL. De même, ON et KL se coupent en S ; la droite SH est une seconde hauteur du triangle HKL. Comme le point Z est l'intersection des deux hauteurs KR et SH, OZ sera la projection de la normale au plan HKL. En prolongeant OZ d'une longueur égale à elle-même, on obtiendra un point O′ et O′H ; O′K, O′L seront les directions des trois axes du second cristal. Pour obtenir les longueurs paramétrales de cette croix axiale, il suffira de mener, par les points A, B, C, des parallèles à OZ jusqu'à leur rencontre avec les axes du second cristal ; O′A′, O′B′, O′C′ formeront cette croix axiale. On dessinera ce cristal tout comme on a dessiné le premier et on le déplacera ensuite parallèlement à lui-même, de façon à ce qu'il représente exactement la mâcle donnée.

EXEMPLE : **Octaèdre de fer magnétique.** — Le plan d'hémitropie est parallèle à une facette de l'octaèdre.

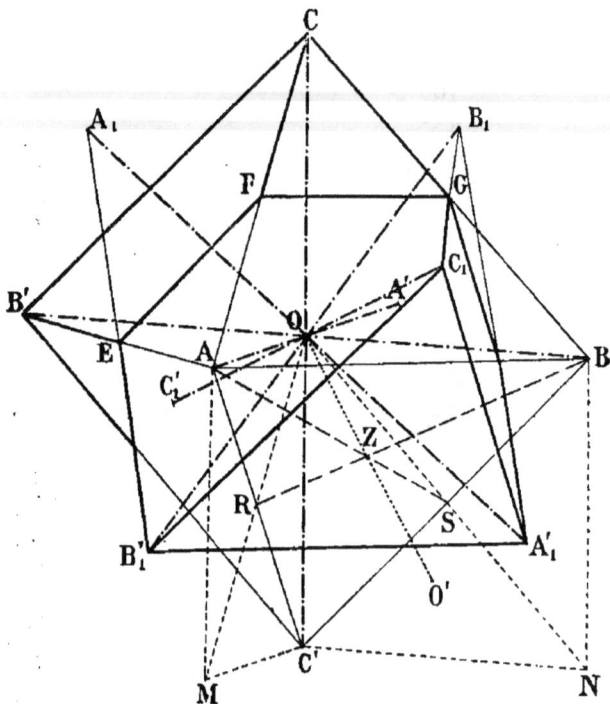

FIG. 21.

Soit OAA'BB'CC' (*fig.* 21) la croix axiale du système cubique. Le plan de mâcle étant ABC', construisons les parallélogrammes AOC'M et BOC'N dont les diagonales se coupent en R et en S. Joignons BR et AS ; ces droites se coupent au point Z. En prolongeant OZ d'une quantité égale à elle-même, on obtient le centre du nouveau système d'axes, représentés par O'A, O'B et O'C. Comme les deux cristaux ont leur centre commun, on transporte les axes O'A, O'B et O'C parallèlement à eux-mêmes. La croix axiale du second cristal sera donc $OA_1A'_1B_1B'_1C_1C'_1$. Il est facile de dessiner le second octaèdre : il suffit de joindre les extrémités des axes. Le plan d'hémitropie sera représenté en joignant les points E, F, G, ..., dont chacun se trouve respectivement à la rencontre de deux arêtes de chaque cristal.

PROJECTION GNOMONIQUE LINÉAIRE DE QUENSTEDT

Les facettes du cristal sont ramenées parallèlement à elles-mêmes, de manière à passer par un point unique situé à l'unité de distance du plan de projection ; chacune d'elles est alors représentée par sa trace en ligne droite sur le plan de projection.

Les facettes en zone se rencontrent en un même point, trace de l'axe de zone.

EXEMPLE: **Hexakisoctaèdre a : 2a : 3a.** — Les facettes 2a : 3a : a, 3a : 2a : a, etc., coupant l'axe vertical à la distance 1, auront pour projections des droites telles que AB (*fig.* 22), coupant l'un des axes x ou y à la distance 2, et l'autre à la distance 3.

Les facettes **a : 3a : 2a, 3a : a : 2a,** etc., seront ramenées à couper l'axe des z à la distance 1, en prenant la moitié des indices. On obtiendra donc les nouvelles facettes $\frac{1}{2}$ a : $\frac{3}{2}$ a : a, $\frac{3}{2}$ a : $\frac{1}{2}$ a : a... qui auront pour projections des droites telles que CD, coupant l'un des axes x ou y à la distance $\frac{1}{2}$ et l'autre à la distance $\frac{3}{2}$.

Les projections des facettes **a : 2a : 3a, 2a : a : 3a**... ou en prenant le tiers des indices $\frac{1}{3}$ a : $\frac{2}{3}$ a : a, $\frac{2}{3}$ a : $\frac{1}{3}$ a : a ..., seront des lignes telles que EF, coupant l'un des axes x ou y à la distance $\frac{1}{3}$ et l'autre à la distance $\frac{2}{3}$.

Pour plus de clarté on exécute les constructions à une échelle double ou triple de celle qui est réellement nécessaire,

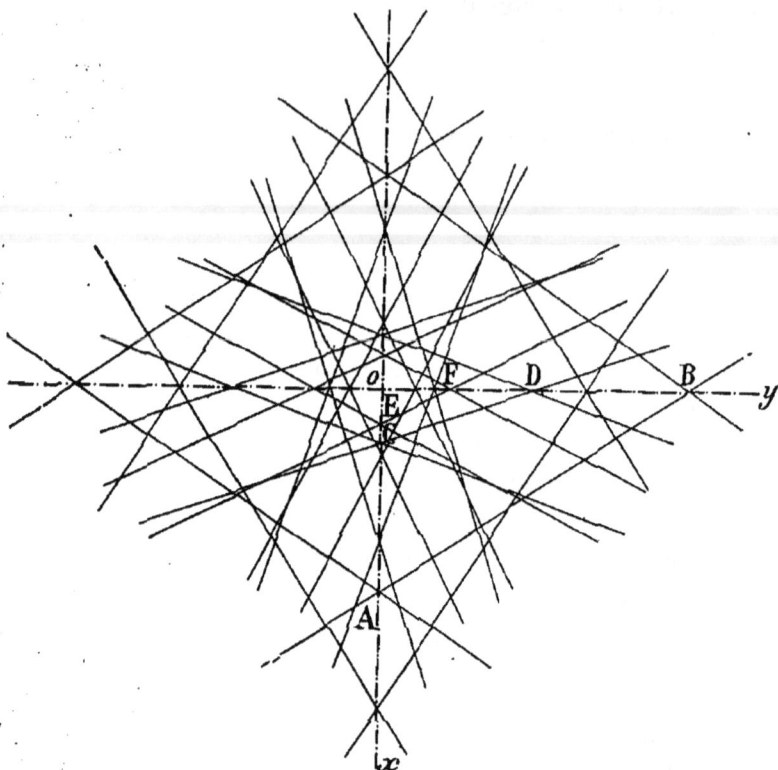

Fig. 22.

et la figure obtenue est ensuite réduite à la dimension convenable.

PROJECTION STÉRÉOGRAPHIQUE

Hypothèse de Miller. — Miller suppose une sphère ayant le même centre que le cristal. Si l'on abaisse de ce centre commun des perpendiculaires à toutes les facettes et qu'on prolonge ces droites jusqu'à la rencontre de la sphère, les points de rencontre seront les **pôles** des faces du cristal. Les distances angulaires des pôles sont évidemment les suppléments des angles dièdres que les facettes font entre elles. Toutes les facettes en zone auront leurs pôles sur un même grand cercle qui sera le cercle de cette zone.

Nous ne considérons que la moitié de cette sphère et nous la projetons stéréographiquement, comme on le fait pour les cartes géographiques. Le plan de projection ou plan du tableau sera le plan du grand cercle passant par les pôles des deux plans axiaux (100) et (010).

PROPRIÉTÉS DE LA PROJECTION STÉRÉOGRAPHIQUE

Les angles tracés à la surface de la sphère conservent leur grandeur en projection stéréographique.

Tout grand cercle passant par le point de vue se projette suivant une ligne droite.

La projection stéréographique d'un cercle tracé sur la surface de la sphère est elle-même un cercle.

Ces propriétés appliquées à la sphère de projection de Miller permettent de résoudre les problèmes suivants :

I. — *Par deux points donnés au moyen de leurs projections stéréographiques, faire passer un arc de grand cercle.*

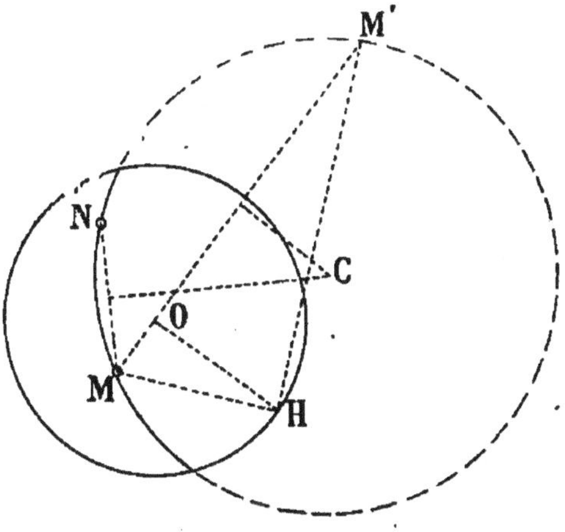

Fig. 23.

On cherchera (*fig. 23*) la projection M′ de l'antipode de M.

Par les trois points M, N, M', on fait alors passer une circonférence.

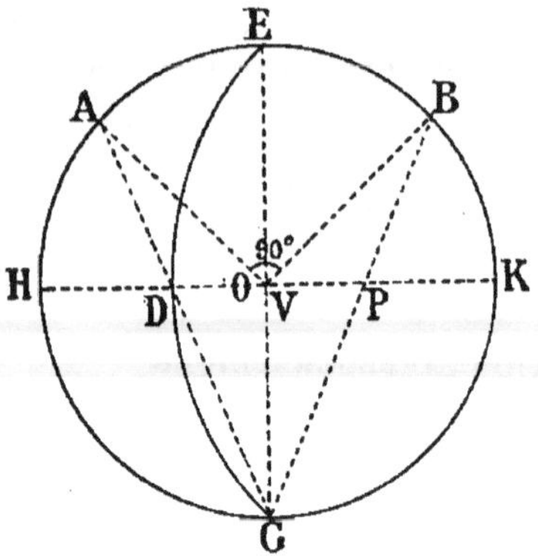

Fig. 24.

II. — *Trouver la projection du pôle d'un grand cercle donné par sa projection.*

Il suffit de rabattre (*fig. 24*) sur le plan de projection le plan du grand cercle perpendiculaire au grand cercle FDG et de prendre sur le rabattement de la circonférence un arc de 90° à partir de A. Le point P, rencontre de GB et de HK, est la projection cherchée.

III. — *Trouver l'angle de deux facettes représentées par leurs pôles en projection stéréographique.*

On mène le grand cercle passant par les deux pôles donnés (problème I).

On cherche ensuite la projection du pôle du grand cercle passant par les deux pôles donnés (problème II).

Après avoir joint cette projection aux pôles des facettes, on prolonge ces deux droites jusqu'à la rencontre du cercle de projection, et l'on joint ces deux points au centre du cercle.

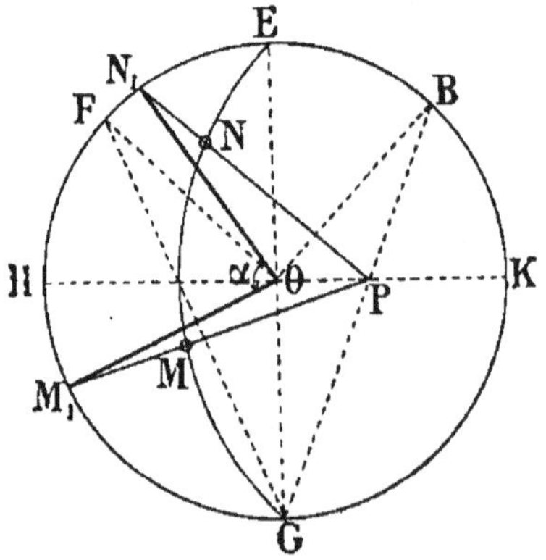

Fig. 25.

L'angle cherché est M_1ON_1 (*fig. 25*).

IV. — *Étant donné le pôle M d'une facette et le grand cercle de la zone à laquelle appartient cette facette, trouver le pôle d'une seconde facette faisant avec la première un angle donné* α.

Une construction inverse de la précédente permet de résoudre le problème.

DESSIN DE LA PROJECTION STÉRÉOGRAPHIQUE

On trace un cercle d'un rayon (25 à 35 millimètres) en rapport avec le nombre de facettes que l'on doit projeter. Les angles que font entre elles les faces parallèles à l'axe vertical et dont les projections se trouvent sur le grand cercle, sont portés directement sur le dessin au moyen du rapporteur. Soient h, g, par exemple (fig. 26), deux de ces facettes ; pour trouver les pôles des facettes parallèles à h et à g, on trace les diamètres hOh' et gOg'.

Si O est le centre du cercle de projection, h le pôle d'une facette quelconque située sur le grand cercle, et p le pôle d'une facette appartenant à un cercle de zone hOh' qui passe par le centre et est par conséquent une droite, on obtiendra la distance du pôle p au centre en prenant :

$$Op = r \, \text{tg} \, \frac{1}{2} \, Op.$$

Lorsque la base (001) coïncide avec le centre O, ce qui est le cas avec des axes rectangulaires, on a $Op = 001\,p$.

Avec des axes obliques, s'il s'agit, par exemple, d'une facette située dans la zone [100-001] du système monosymétrique, on prendra :

$$Op = r \, \text{tg} \, \frac{1}{2} \, (90° - hp).$$

Dans le cas où une facette quelconque q fait, avec deux

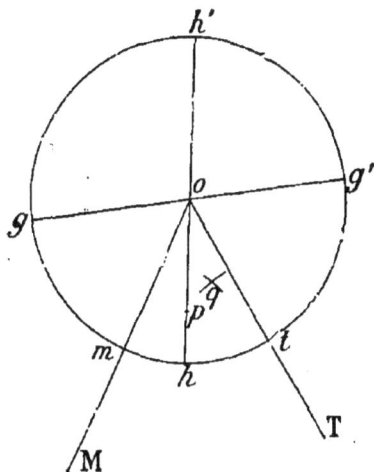
Fig. 26.

facettes prismatiques m et t, de la zone [100-010], des angles m et t, sa projection se trouve de la façon suivante :

On mène les deux rayons O*m* et O*t*, et l'on prend sur leurs prolongements :

$$OM = r \text{ séc } m$$
$$OT = r \text{ séc } t,$$

Des points M et T comme centres, on décrit avec des rayons

$$R = r \text{ tg } m,$$
$$R' = r \text{ tg } t.$$

deux arcs de cercle dont le point de rencontre est le pôle *q*.

Le problème I permet de tracer un grand cercle appartenant à une zone sur laquelle on ne connaît que la position de deux pôles.

Si une facette appartient à un cercle de zone dont on a tracé la projection et si l'on connaît l'angle que fait cette facette avec une autre de position connue sur le grand cercle, on obtient la position de la première facette au moyen du problème IV.

Enfin, si une facette se trouve à l'intersection de deux zones connues, sa position sur la projection se détermine par la rencontre des deux cercles qui représentent les zones.

PROJECTION GNOMONIQUE DE MALLARD

Mallard abaisse, du centre du cristal, des perpendiculaires sur chacune des facettes et, de même que dans l'hypothèse de Miller, les points de rencontre des centronormales avec la sphère, décrite du centre du cristal, sont encore les pôles des facettes. Mallard applique à la sphère la projection gnomonique. Le point de vue est situé au centre de la sphère, tandis que le plan tangent passant par le pôle de l'hémisphère que l'on désire représenter est le plan de projection. Dans ce système les grands cercles sont figurés par des droites, les petits cercles par des ellipses, tandis que les points situés à la base de l'hémisphère ont leur projection située à l'infini.

« Mallard représente ainsi, non pas le réseau cristallin, ni « les faces elles-mêmes, mais le réseau polaire du réseau pri-« mitif, c'est-à-dire celui que l'on obtient en menant des « normales aux plans qui renferment deux à deux les ran-« gées du réseau primitif et en portant sur ces normales à « partir de l'origine un nombre infini de points équidistants, « la distance de ces points étant égale à l'aire de la maille « plane du système de plans divisée par la distance moyenne « des nœuds [1]. »

[1] Friedel, *Cours de Minéralogie*. Masson, Paris, 1893, p. 198.

V. — CALCUL DES CRISTAUX

FORMULES PRINCIPALES DE LA TRIGONOMÉTRIE SPHÉRIQUE

Les calculs à effectuer sur un cristal devant être faits à l'aide de la projection stéréographique de ce cristal, on est amené à résoudre constamment des triangles sphériques. Le plus souvent ces triangles sont rectangles.

Les principales formules servant à la résolution des triangles sphériques sont les suivantes.

TRIANGLES OBLIQUANGLES

A, B, C désignent les trois angles, et a, b, c, les trois côtés d'un triangle sphérique.

1° Relation entre les trois côtés et un angle :

$$(1) \qquad \cos a = \cos b \cos c + \sin b \sin c \cos A,$$
$$(2) \qquad \cos b = \cos a \cos c + \sin a \sin c \cos B,$$
$$(3) \qquad \cos c = \cos a \cos b + \sin a \sin b \cos C.$$

2° Relation entre deux côtés et les deux angles opposés :

$$(4) \qquad \frac{\sin a}{\sin A} = \frac{\sin b}{\sin B} = \frac{\sin c}{\sin C}.$$

3° Relation entre deux côtés et deux angles dont un seulement est opposé à l'un de ces côtés :

$$(5) \qquad \cotg a \sin b = \cos b \cos C + \sin C \cotg A,$$
$$(6) \qquad \cotg b \sin a = \cos a \cos C + \sin C \cotg B,$$
$$(7) \qquad \cotg a \sin c = \cos c \cos B + \sin B \cotg A,$$
$$(8) \qquad \cotg c \sin a = \cos a \cos B + \sin B \cotg C,$$
$$(9) \qquad \cotg c \sin b = \cos b \cos A + \sin A \cotg C,$$
$$(10) \qquad \cotg b \sin c = \cos c \cos A + \sin A \cotg B.$$

4º Relation entre un côté et les angles :

(11) $\cos A = -\cos B \cos C + \sin B \sin C \cos \mathbf{a}$,
(12) $\cos B = -\cos A \cos C + \sin A \sin C \cos \mathbf{b}$,
(13) $\cos C = -\cos A \cos B + \sin A \sin B \cos \mathbf{c}$.

Formules de Delambre. — On sait qu'en posant

$$\mathbf{a} + \mathbf{b} + \mathbf{c} = 2p$$

on a :

$$\sin \tfrac{1}{2} A = \sqrt{\frac{\sin(p-\mathbf{b})\sin(p-\mathbf{c})}{\sin \mathbf{b} \sin \mathbf{c}}},$$

$$\sin \tfrac{1}{2} B = \sqrt{\frac{\sin(p-\mathbf{a})\sin(p-\mathbf{c})}{\sin \mathbf{a} \sin \mathbf{c}}},$$

$$\sin \tfrac{1}{2} C = \sqrt{\frac{\sin(p-\mathbf{a})\sin(p-\mathbf{b})}{\sin \mathbf{a} \sin \mathbf{b}}}$$

$$\cos \tfrac{1}{2} A = \sqrt{\frac{\sin p \sin(p-\mathbf{a})}{\sin \mathbf{b} \sin \mathbf{c}}},$$

$$\cos \tfrac{1}{2} B = \sqrt{\frac{\sin p \sin(p-\mathbf{b})}{\sin \mathbf{a} \sin \mathbf{c}}},$$

$$\cos \tfrac{1}{2} C = \sqrt{\frac{\sin p \sin(p-\mathbf{c})}{\sin \mathbf{a} \sin \mathbf{b}}}.$$

Si dans la formule

$$\sin \frac{A+B}{2} = \sin \frac{A}{2}\cos\frac{B}{2} + \cos\frac{A}{2}\sin\frac{B}{2},$$

on remplace $\sin\frac{A}{2}$, $\sin\frac{B}{2}$, $\sin\frac{C}{2}$, $\cos\frac{A}{2}$, $\cos\frac{B}{2}$, $\cos\frac{C}{2}$ par les valeurs données plus haut ; il vient :

(14) $$\frac{\sin\dfrac{A+B}{2}}{\cos\dfrac{C}{2}} = \frac{\cos\dfrac{\mathbf{a}-\mathbf{b}}{2}}{\cos\dfrac{\mathbf{c}}{2}},$$

On obtient d'une façon analogue les autres formules

$$(15) \qquad \frac{\sin \dfrac{A - B}{2}}{\cos \dfrac{C}{2}} = \frac{\sin \dfrac{a - b}{2}}{\sin \dfrac{c}{2}},$$

$$(16) \qquad \frac{\cos \dfrac{A + B}{2}}{\sin \dfrac{C}{2}} = \frac{\cos \dfrac{a + b}{2}}{\cos \dfrac{c}{2}},$$

$$(17) \qquad \frac{\cos \dfrac{A - B}{2}}{\sin \dfrac{C}{2}} = \frac{\sin \dfrac{a - b}{2}}{\sin \dfrac{c}{2}}.$$

Analogies de Néper. — En divisant (15) par (17), puis (14) par (16), (15) par (14), et enfin (17) par (16), on obtient :

$$(18) \qquad \operatorname{tg} \frac{A - B}{2} = \operatorname{cotg} \frac{C}{2} \, \frac{\sin \dfrac{a - b}{2}}{\sin \dfrac{a + b}{2}}$$

$$(19) \qquad \operatorname{tg} \frac{A + B}{2} = \operatorname{cotg} \frac{C}{2} \, \frac{\cos \dfrac{a - b}{2}}{\sin \dfrac{a + b}{2}}$$

$$(20) \qquad \operatorname{tg} \frac{a - b}{2} = \operatorname{tg} \frac{c}{2} \, \frac{\sin \dfrac{A - B}{2}}{\sin \dfrac{A + B}{2}}$$

$$(21) \qquad \operatorname{tg} \frac{a + b}{2} = \operatorname{tg} \frac{c}{2} \, \frac{\cos \dfrac{A - B}{2}}{\cos \dfrac{A + B}{2}}$$

formules qui permettent de calculer A et B, connaissant les côtés opposés **a** et **b** et l'angle compris C, ou bien encore de calculer deux côtés **a** et **b**, connaissant les angles opposés A et B et le troisième côté **c**.

TRIANGLES RECTANGLES

Les formules précédentes, qui se simplifient lorsqu'il s'agit de triangles rectangles, sont d'ailleurs données par la règle suivante :

Si dans un triangle sphérique rectangle on remplace b et c par $\frac{\pi}{2} - $ b et $\frac{\pi}{2} - $ c, et si l'on désigne les sommets d'un

pentagone (*fig.* 27) par les cinq éléments du triangle $\frac{\pi}{2} - $ b, C,

a, B et $\frac{\pi}{2} - $ c, le cosinus de l'un quelconque des éléments est égal soit au produit des cotangentes des éléments immédiatement adjacents, soit à celui des sinus des éléments opposés.

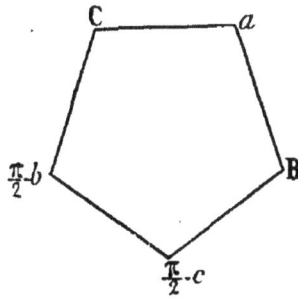

On obtient ainsi toutes les formules utiles à la résolution des triangles sphériques rectangles :

Fig. 27.

(1)	$\cos$ a $=$ cotg B cotg C,	$\cos$ a $=$ $\cos$ b $\cos$ c,
(2)	$\cos$ B $=$ cotg a tg c,	$\cos$ B $=$ $\cos$ b sin C,
(3)	$\cos$ C $=$ cotg a tg b,	$\cos$ C $=$ $\cos$ c sin B,
(4)	sin b $=$ tg c cotg C,	sin b $=$ sin a sin B,
(5)	sin c $=$ tg b cotg B,	sin c $=$ sin a sin C.

Problème général.

Un cristal étant donné, le problème général consiste :

1° A déterminer son système cristallin ;

2° A calculer les dimensions de la forme primitive ;

3° A calculer les symboles des facettes ;

4° A calculer leurs angles dièdres.

DÉTERMINATION DU SYSTÈME CRISTALLIN

Après avoir fait à main levée un croquis du cristal, on désigne chaque facette par une lettre de l'alphabet en accentuant celle qui se rapporte à la facette opposée à une facette déjà désignée. On mesure au goniomètre le plus grand nombre possible d'angles en ayant soin de grouper les facettes appartenant à une même zone. La détermination du système cristallin ne présente, en général, pas beaucoup de difficultés.

Si tous les angles, dans toutes les zones, sont différents, le cristal n'a pas de plan de symétrie et appartient au système asymétrique.

Si deux zones non perpendiculaires entre elles donnent des angles se répétant, ou bien si les mêmes angles se retrouvent deux fois par la rotation de 360° dans deux zones inclinées l'une sur l'autre, ou bien encore si trois faces font entre elles deux angles droits et un angle différent de 90°, le cristal appartient au système monosymétrique.

Dans le cas où des répétitions d'angles s'observent dans trois zones, ou bien si un même angle se répète dans deux zones inclinées l'une sur l'autre et quatre fois dans chacune d'elles, ou bien encore si trois faces font entre elles trois angles droits, le cristal est rhombique.

Des angles identiques se rencontrant dans deux zones perpendiculaires entre elles, ou bien des angles de 90° dans une même zone indiquent le système tétragonal.

Les formes se rattachant aux systèmes hexagonal et cubique doivent se reconnaître à première vue.

On s'exerce pratiquement à ces reconnaissances en examinant attentivement des collections de cristaux en bois, en maniant ceux-ci, en les dessinant sous divers aspects, en décrivant leurs facettes, en les copiant en terre glaise ou en plâtre, en les transformant par troncatures. On passe ensuite à l'étude de cristaux naturels aussi parfaits que possible et dont le système est connu. Cette éducation pratique de l'œil ne s'acquiert que par un travail personnel.

CALCUL DES DIMENSIONS DE LA FORME PRIMITIVE

Les dimensions de la forme primitive sont données par les trois paramètres interceptés par une facette ou un ensemble de facettes du cristal sur les axes coordonnés choisis; un de ces paramètres peut évidemment être pris égal à l'unité. Pour trouver ces paramètres, il est nécessaire de connaître la position des axes. Il en résulte que, dans le cas le plus général, lorsque les trois axes font entre eux des angles différents de 90°, cinq inconnues sont à déterminer, savoir : les trois angles α, β, γ et les deux paramètres a et c, puisque l'on suppose $b = 1$.

Plus la symétrie augmente et plus le nombre des inconnues diminue. Le système monosymétrique n'en comporte que trois, l'angle β et les deux paramètres a et c. Le système rhombique n'en a plus que deux, les valeurs de a et de c; les systèmes tétragonal et hexagonal ne possèdent chacun que le seul paramètre c. Enfin il n'en existe aucun pour le système cubique.

Il faudra autant d'angles indépendants les uns des autres qu'il y a d'inconnues à calculer. Les angles destinés à calculer la relation paramétrale sont les angles fondamentaux. Ils seront choisis parmi ceux qui seront jugés avoir été mesurés avec le plus d'exactitude.

Nous indiquerons, à propos de chaque système cristallin, la méthode servant à calculer la relation axiale.

CALCUL DES SYMBOLES DES FORMES DÉRIVÉES

On commencera par représenter les pôles de toutes les facettes du cristal en projection stéréographique.

Si sur un cristal une facette dérivée, c'est-à-dire n'appartenant pas à la forme primitive, se trouve à l'intersection de deux zones connues, son symbole est immédiatement déterminé.

S'il en est autrement, chaque forme dérivée, constituant le cristal, sera considérée séparément comme forme primitive ; on calculera les longueurs de ses paramètres. Les résultats ainsi obtenus, divisés par la relation axiale de la forme qui aura été choisie comme primitive, donneront les indices de la facette dérivée.

Généralement on trouve pour quotients des nombres irrationnels ; mais, comme les indices doivent toujours être rationnels (on attribue la différence à une légère erreur dans la mesure des angles — erreur qu'il est à peu près impossible d'éviter —), l'on prendra pour chaque indice le nombre rationnel le plus voisin du quotient obtenu.

CALCUL DES ANGLES

Connaissant la relation axiale et les symboles des formes dérivées, on calcule les angles en suivant une méthode inverse de celle qui a servi à déterminer les symboles. Il est bon d'exécuter ce calcul qui offre l'avantage de contrôler les mesures d'angles et souvent aussi de retrouver des erreurs commises pendant la détermination des symboles. Il est inutile de calculer tous les angles ; on se bornera à en calculer au moins un pour chacune des formes dérivées.

Toutes ces indications générales seront éclaircies par des exemples.

Dans le présent travail, au lieu de débuter par le cas le plus général, qui est en même temps le plus compliqué, c'est-à-dire par le système asymétrique, nous prendrons d'abord le cas le plus simple, l'étude des cristaux appartenant au système cubique. Nous commencerons par projeter stéréographiquement un cristal, connaissant son symbole, puis nous calculerons ses angles, et enfin, d'une façon inverse, nous calculerons son symbole, connaissant les angles.

Cette méthode, conforme à celle indiquée par Groth [1],

[1] GROTH, *Physikalische Krystallographie*. Wilhelm Engelmann, Leipzig, 1895.

est peut-être plus longue, mais elle est, à coup sûr, beaucoup plus facile à comprendre et à suivre. Les exemples ont
été choisis parmi les formes d'une collection de modèles en
bois que les élèves ont préalablement étudiés.

SYSTÈME CUBIQUE

Les trois axes du système cubique font entre eux des
angles droits, et les trois paramètres sont tous trois égaux
à **a**. Il suffira donc de calculer les symboles des différentes
formes du système.

On prend pour plan de projection l'un des plans de symétrie principale, celui passant par les pôles des facettes (100)
et (010).

CUBE {100}

Les facettes du cube se projettent au centre (001) du cercle

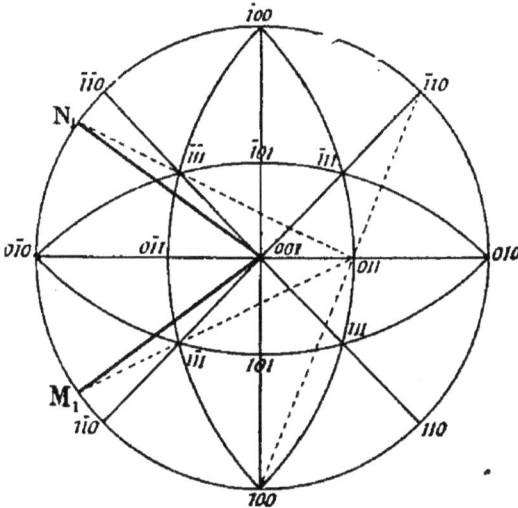

Fig. 28.

et en (100), (010), etc., points de rencontre de ce cercle avec
deux diamètres perpendiculaires entre eux (*fig.* 28).

DODÉCAÈDRE RHOMBOÏDAL {110}

Les quatre facettes de cristal parallèles à l'axe vertical, c'est-à-dire (110), ($1\bar{1}0$), ($\bar{1}\bar{1}0$) et ($\bar{1}10$), sont en zone avec les faces latérales du cube. Elles se projettent sur le cercle fondamental, et, comme elles sont également inclinées sur les faces latérales du cube, leurs pôles se trouvent aux extrémités des deux diamètres perpendiculaires entre eux et bissecteurs des diamètres aboutissant aux pôles des facettes du cube.

Quatre autres facettes étant en zone avec (001) et les faces latérales du cube, leurs pôles seront sur les diamètres [100-$\bar{1}$00] et [010-$0\bar{1}0$] et à 45° de (001). Le pôle de l'une d'elles, (011) par exemple, s'obtient en joignant (100) à ($\bar{1}10$).

CALCUL DES ANGLES

Deux facettes voisines ont pour supplément l'arc 101-011. Le triangle sphérique 011-001-101 donne :

$$\cos 101\text{-}011 = \cos 101\text{-}001 \sin 011\text{-}004$$

ou

$$\cos 101\text{-}011 = \cos 45° \sin 45° = \frac{1}{2}$$

donc

$$101\text{-}011 = 60°.$$

L'angle de deux facettes adjacentes du dodécaèdre rhomboïdal est par conséquent égal à $180 - 60 = 120°$.

OCTAÈDRE {111}

Le schéma des zones montre que le pôle de la facette (111) est situé à l'intersection des deux cercles de zone [100-011] et [101-010]. On obtient ainsi les quatre pôles des facettes de l'octaèdre.

CALCUL DES ANGLES

Le triangle sphérique 001-111-101 donne pour la valeur de 101-111, demi-supplément de l'angle de l'octaèdre,

$$\text{tg } 101\text{-}111 = \sin 101\text{-}111 \text{ tg } 001$$

ou

$$\text{tg } 101\text{-}111 = \sin 45 \text{ tg } 45 = \sin 45$$
$$\log \text{tg } 101\text{-}111 = \log \sin 45 = \overline{1},8494850$$
$$101\text{-}111 = 35° 15' 50''.$$

L'angle de l'octaèdre est donc égal à

$$180 - 2 (35° 15' 50'') = 109° 28' 30''.$$

En appliquant la construction indiquée page 76, servant à mesurer graphiquement l'angle de deux facettes, on verrait que le pôle du grand cercle [100-011-111] est placé en 011. Le supplément de l'angle, mesuré au rapporteur, $M_1 001 N_1$, est égal à la valeur calculée 70° 30' environ.

TÉTRAKISHEXAÈDRE {hk0}

Prenons, comme exemple, le cube pyramidé {210}; hui

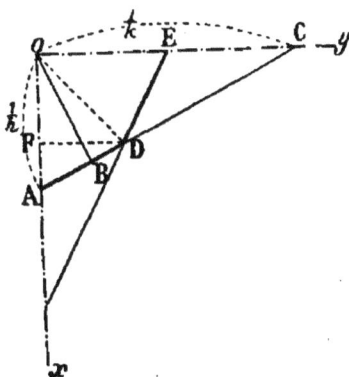

FIG. 29.

facettes de ce cristal se projettent sur le cercle fondamental.

Leurs pôles sont déterminés par l'arc 100-210 égal à l'angle AOB (*fig.* 29).

D'une façon générale on a :

$$\operatorname{tg} AOB = \operatorname{cotg} OAB = \frac{OA}{OC} = \frac{k}{h}.$$

Dans le cas particulier que nous avons considéré,

$$\operatorname{tg} AOB \text{ ou } \operatorname{tg} 100\text{-}210 = \frac{1}{2}$$

$$\log \operatorname{tg} 100\text{-}210 = \overline{1},6989700$$

$$100\text{-}210 = 26° \ 33' \ 50''.$$

Les autres facettes sont en zone avec (001) et avec les faces latérales du cube ; leurs pôles seront situés sur les deux dia-

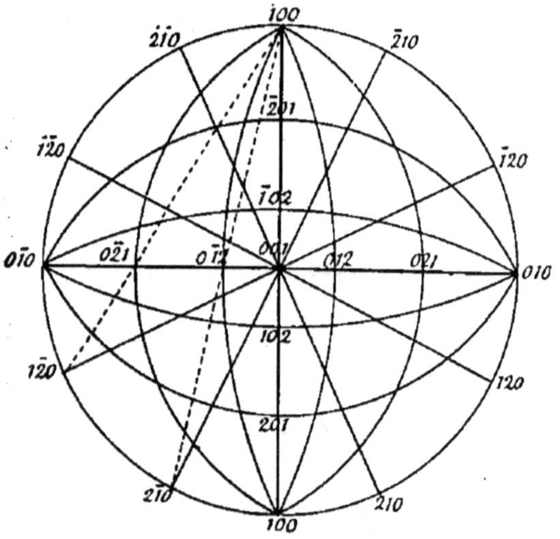

Fig. 30.

mètres perpendiculaires [$\overline{1}$00,100] et [010-0$\overline{1}$0] (*fig.* 30). On obtiendra leur position en prenant, d'après la construction connue (p. 76) des arcs 0$\overline{1}$0-0$\overline{2}$1 et 001-0$\overline{1}$2 égaux à 26° 33' 50" ; cette construction revient à mener les droites $\overline{1}$00-2$\overline{1}$0 et $\overline{1}$00-1$\overline{2}$0.

CALCUL DES ANGLES

1º **Angle de deux facettes n'appartenant pas à la même pyramide.** — Soit α cet angle égal (*fig.* 29) à ADE.

$$ADE = 2ADF + 90°,$$

or

$$ADF = AOB = 26° 33' 50''$$

donc

$$\alpha = 2 \times 26° 33' 50'' + 90° = 143° 7' 40''.$$

2º **Angle de deux facettes appartenant à la même pyramide.** — Soit β cet angle; il est le supplément du côté 102-012 du triangle sphérique 102-012-001.

$$\cos 102\text{-}012 = \cos 001.102 \; \cos 001.012 = \cos^2 26° 33' 50''$$
$$\log \cos 102\text{-}012 = 2 \times \overline{1},9515494 = \overline{1},9030998$$
$$180 - \beta = 36° 52' 20'' \qquad \beta = 143° 7' 40''$$

CALCUL DES INDICES, CONNAISSANT LES ANGLES

Il s'agit, étant donné l'un des deux angles du cube pyramidé, de calculer le symbole de ce solide.

1º **On donne l'angle α.** — Le supplément de cet angle égal à l'arc 210-120, le demi-complément de ce dernier angle, c'est-à-dire 100-210 ou en général 100-hk0, aura pour tangente la valeur $\dfrac{k}{h}$. Connaissant ce rapport, on en déduit le symbole du cube pyramidé.

Soit $\alpha = 127°$, le supplément est 53°, le demi-complément est 18° 30'.

$$\frac{k}{h} = \text{tg } 18° 30'$$

$$\log \frac{k}{h} = \log \text{tg } 18° 30' = \overline{1},5245199.$$

$\dfrac{k}{h} = 0,3346,$ ou $\dfrac{1}{3}$, en prenant le nombre rationnel le plus voisin.

Donc $k = 1$ et $h = 3$, et le symbole du cube pyramidé est {310}.

2° **On donne l'angle** β. — Le supplément de cet angle est égal à l'arc 102-012, hypoténuse du triangle rectangle isocèle 102-012-001.

On calculera le côté 001-102, dont la tangente sera encore égale à $\frac{k}{h}$.

Soit β = 134°; son supplément est 46° :

$$\cos^2 001\text{-}102 = \cos 46$$
$$2 \log \cos 001\text{-}102 = \bar{1},8417713$$
$$\log \cos 001\text{-}102 = \bar{1},9208856$$
$$001\text{-}102 = 33° \, 32' \, 40''$$
$$\log \operatorname{tg} 001\text{-}102 = \bar{1},8215146$$
$$\operatorname{tg} 001\text{-}102 = \frac{k}{h} = 0,6630 \text{ ou } \frac{2}{3},$$

et par conséquent k = 2 et h = 3.

Le symbole du cube pyramidé est {320}.

IKOSITÉTRAÈDRE {hkk}

Le schéma des zones montre qu'une facette (hkk) de l'iko-

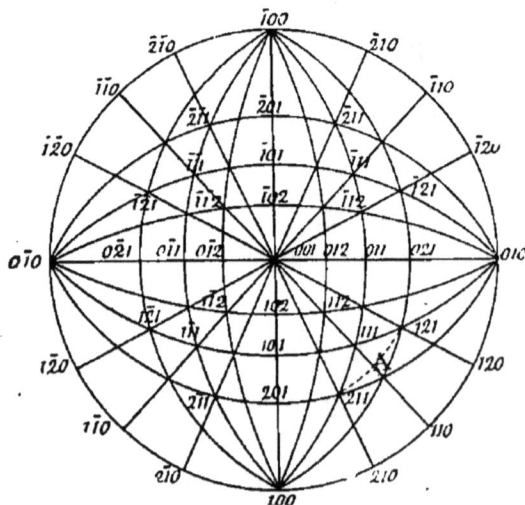

Fɪɢ. 31.

sitétraèdre se trouve à la rencontre des deux cercles de zone

[001-*hk*0] et [100-011], (*hk*0) étant le cube pyramidé qui possède les mêmes indices *h* et *k* que l'ikositétraèdre {*hkk*}.

Dans le cas particulier choisi pour exemple {*hkk*} = {211}, on voit que les pôles de cet ikositétraèdre sont à l'intersection des cercles de zone du cube pyramidé {210}, du dodécaèdre rhomboïdal et du cube.

CALCUL DES ANGLES

1° **Angle de deux facettes appartenant à des octants différents.** — Si l'on appelle α cet angle, son supplément $\overline{1}12$-112 est le double de l'arc 102-112, déterminé par le triangle sphérique 001-102-112 rectangle en 102. Dans ce triangle on connaît, en effet, le côté 001-102, dont la tangente est égale à $\frac{1}{2}$ (d'une façon générale à $\frac{k}{h}$), et l'angle en 001 qui est égal à 45°.

En le résolvant, on trouverait 102-112 = 24° 5′ 40″, ou

$$\alpha = 180° - 2 \times 24° 5′ 40″ = 131° 48′ 40″.$$

2° **Angle de deux facettes appartenant au même octant.** — Soit β cet angle; son supplément est mesuré par l'arc 211-121. Dans le triangle rectangle 001-112-102 considéré ci-dessus, nous calculerons le côté 001-112. Cet arc, retranché de 001-111 (qui est donné par le triangle rectangle 001-111-101) fournira l'arc 112-111. Or ce dernier côté est égal à 111-211. Mais les cercles de zone de l'octaèdre se coupent sous des angles de 60°; il en résulte que dans le triangle rectangle 111-A-211, on calculera 211-A, demi-supplément de β, au moyen du côté 111-211 et de l'angle en 111, qui est égal à 60°.

On trouverait β = 146° 26′ 20″.

CALCUL DES INDICES

1° **On donne l'angle α.** — Comme le demi-supplément de l'angle α est égal à l'arc 112-102, il suffit de calculer le côté 001-102, dont la tangente donne $\frac{k}{h}$, c'est-à-dire le symbole du cube pyramidé correspondant à l'ikositétraèdre cherché.

Pour $\alpha = 122°$, on trouve $\dfrac{k}{h} = 0,6660$ ou $\dfrac{2}{3}$, et, par consé-quent, $k = 2$, $h = 3$.

Le symbole du cube pyramidé est {320} et celui de l'ikosi-tétraèdre {322}.

2° On donne l'angle β. — Le demi-supplément de cet angle étant égal à l'arc 211-A, on calculera le côté 211-111, qui, étant égal à 112-111, déterminera comme ci-dessus le côté 001-102 du triangle 001-102-112.

On obtiendra ainsi le symbole du cube pyramidé corres-pondant; on en déduira celui de l'ikositétraèdre.

Si $\beta = 166°$, on trouve $\dfrac{k}{h} = 0,749$ ou $\dfrac{3}{4}$; d'où

$$k = 3, \qquad h = 4.$$

Le symbole du cube pyramidé est {430}, et celui de l'ikosi-tétraèdre (433).

TRIAKISOCTAÈDRE OU OCTAÈDRE PYRAMIDÉ {hhk}

Le schéma des zones montre que, de même que pour l'iko-

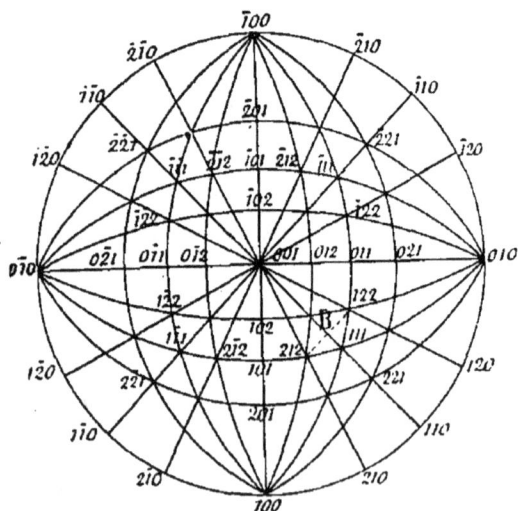

Fig. 32.

sitétraèdre, une facette (hhk) se trouve au point de rencontre de la zone [h0k-010] et de la zone [001-110], {h0k} étant le cube pyramidé correspondant au triakisoctaèdre {hhk}.

On prendra comme exemple l'octaèdre pyramidé {221}.

En portant sur le dessin (fig. 32) les pôles du cube pyramidé {210}, ceux du cube et ceux du dodécaèdre rhomboïdal et en traçant les différents cercles de zone, on obtiendra par leurs intersections les pôles du triakisoctaèdre {221}.

1° **Angle des arêtes octaédriques.** — Soit α cet angle dont le supplément 212-2$\overline{1}$2 est le double de l'arc 212-101. Cet arc sera déterminé au moyen du triangle 001-101-212 rectangle en 101, dans lequel on connaît le côté 001-101 = 45° et l'angle en 001 égal à l'arc 100-210. Ce dernier ayant pour tangente $\frac{1}{2}$ ou, d'une façon générale, $\frac{k}{h}$ est égal à 26° 33′ 50″.

On trouverait 212-101 = 19° 28′ 20″ et, par suite, α = 141° 3′ 20″.

2° **Angle de deux facettes appartenant au même octant.** — Désignons cet angle par β ; son supplément est égal à l'arc 212-122. Le calcul précédent a donné l'arc 101-212 qui, retranché de 101-111 (demi-supplément de l'angle de l'octaèdre) fournit la valeur de l'arc 212-111. Le côté 212-B, qui est égal à $\frac{180 - \beta}{2}$, du triangle 212-B-111, rectangle en B, est donc déterminé. En effet, en outre de 212-111, on connaît l'angle en 111, dont la valeur est de 60°.

On trouverait

$$\beta = 152° 44′ 20″.$$

CALCUL DES INDICES

Selon que l'on mesure un des angles α ou β, on calcule le rapport $\frac{k}{h}$ au moyen des mêmes triangles employés ci-dessus pour calculer ces angles, mais avec cette seule différence que ce qui était connu devient maintenant inconnu, et réciproquement. La valeur de $\dfrac{k}{h}$ fournira le symbole du cube pyramidé correspondant au triakisoctaèdre et, par conséquent, le symbole de ce dernier solide.

Pour $\alpha = 153^\circ 30'$ par exemple, on trouve $\dfrac{k}{h} = 0,3330$ ou $\dfrac{1}{3}$, et par conséquent $k = 1$, $h = 3$. Le symbole du cube pyramidé sera {310}, celui du triakisoctaèdre {331}.

Pour $\beta = 162^\circ 30'$, on aura $\dfrac{k}{h} = 0,6603$ ou $\dfrac{2}{3}$; alors $k = 2$, $h = 3$. Le cube pyramidé aura pour symbole {320}, et l'octaèdre pyramidé {322}.

HEXAKISOCTAÈDRE {hkl}

Première méthode. — Si l'on considère les trois cubes pyramidés {$hk0$}, {$hl0$}, {$kl0$}, dont les symboles sont obtenus en

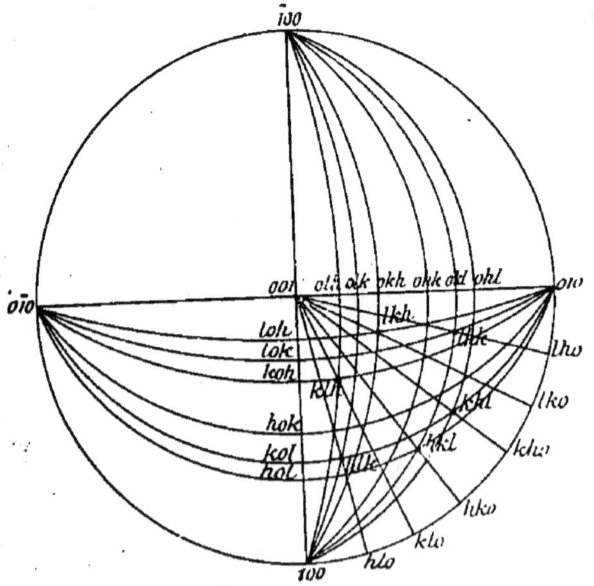

Fig. 33.

combinant deux à deux les trois lettres h, k et l, il suffira de porter leurs pôles sur le dessin (*fig.* 33) et de tracer les différents cercles de zone pour que les intersections de ces cercles, convenablement choisies, donnent les pôles de l'hexakisoctaèdre {*hkl*}. Le schéma des zones montre bien, en effet, que la facette (*hkl*) est à la rencontre des deux zones [001-*hk*0] et [100-0*kl*].

On possède donc une méthode générale pour représenter un hexakisoctaèdre, connaissant son symbole.

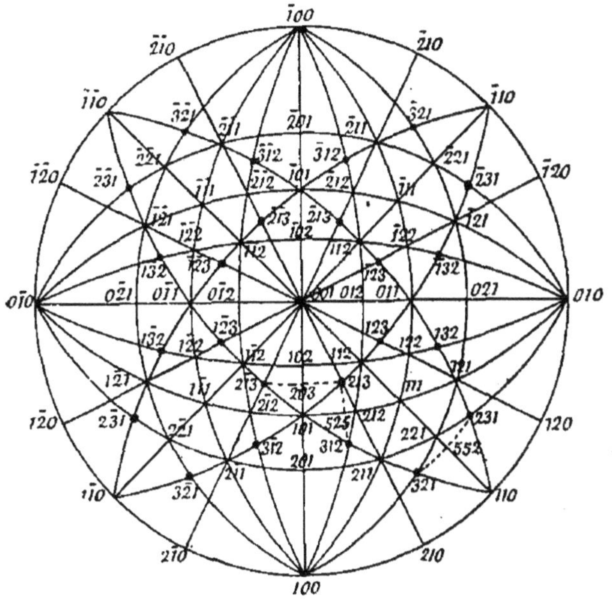

Fig. 34.

En prenant, comme exemple, la forme la plus simple {321}, il suffira dans ce cas particulier de tracer (*fig.* 34) les différents cercles de zone du cube pyramidé {210} et du dodécaèdre rhomboïdal.

Deuxième méthode. — Les arêtes, et, par conséquent, les angles de l'hexakisoctaèdre sont de trois espèces ; en tronquant chaque espèce d'arêtes, on obtient un solide à 24 faces. Les arêtes moyennes sont tronquées par un cube pyramidé. Dans le cas particulier de l'hexakisoctaèdre {321}, ce cube pyramidé a pour symbole {320}. Les plus longues arêtes sont tronquées par l'ikositétraèdre {211}, et les plus courtes par

l'octaèdre pyramidé (552). Le symbole de chacun de ces
solides à 24 faces se déduit du symbole de l'hexakisoctaèdre. On portera sur le dessin les pôles de ces trois cristaux ; les points de rencontre des cercles de zone seront les
pôles de l'hexakisoctaèdre.

CALCUL DES ANGLES

1° **Angle des arêtes moyennes.** — Soit α cet angle. Son
supplément est égal à l'arc de grand cercle qui coupe le diamètre (100-$\overline{1}$00) en un point (203), pôle du cube pyramidé
tronquant les arêtes moyennes.

Dans le triangle 001-203-213 rectangle en 203, on calcule
le côté 203-213, demi-supplément de α, au moyen du côté
001-203, dont la tangente est égale à $\frac{2}{3}$, et de l'angle en 100,

dont la tangente est $\frac{1}{2}$.

On trouve
$$203\text{-}213 = 15° 30'$$
$$\alpha = 180° - 2 \times 15° 30' = 149° 0'.$$

2° **Angle des plus longues arêtes.** — Si l'on désigne cet
angle par β, son supplément est égal à l'arc 213-123 qui coupe
le diamètre (110-$\overline{1}$10) en un point (112), pôle de l'ikositétraèdre tronquant les plus longues arêtes.

Dans le triangle 001-112-213 rectangle en 112, on calcule
le côté 112-213, demi-supplément de β, à l'aide du côté
001-112 et de l'angle en 001 égal à 45° — arc tg $\frac{1}{2}$. Le côté
001-112 s'obtient en résolvant le triangle rectangle 001-102-112
dans lequel 001-102 = arc tg $\frac{1}{2}$ et 001 = 45°.

On trouve ainsi :

$$112\text{-}213 = 10° 53' 20'',$$

d'où

$$\beta = 158° 13' 20''.$$

3° **Angle des plus courtes arêtes.** - - Soit γ cet angle. Son supplément est égal à l'arc de grand cercle, 321-231 qui rencontre le diamètre [110-1̄1̄0] en un point (552), pôle de l'octaèdre pyramidé tronquant les plus courtes arêtes de l'hexakisoctaèdre.

Le demi-supplément de γ, l'arc 321-332, forme un côté du triangle rectangle 321-552-110. Dans ce triangle on calcule l'arc 552-110, qui est égal à 001-110 — 001-552, comme on l'a vu à propos du triakisoctaèdre. L'angle aigu en 110 est égal à l'arc de grand cercle 001-11̄2. Ce dernier arc sera calculé par la résolution du triangle rectangle 1̄12-001-102, dans lequel l'arc 001-102 a pour tangente $\frac{1}{2}$.

On trouve :

$$\gamma = 158° 13' 20''.$$

CALCUL DES INDICES

Il s'agit de déterminer les indices h, k et l d'un hexakisoctaèdre, connaissant ses angles. Comme les rapports de deux des indices au troisième suffisent pour les déterminer tous les trois, il ne reste donc que deux inconnues; deux angles suffiront par conséquent pour fixer le symbole.

1° **On donne l'angle des arêtes moyennes et l'angle des plus longues arêtes.** — On connaît donc les deux arcs 213-203 et 213-112.

Chacun de ces arcs forme avec 001-213 un triangle sphérique rectangle ; ces deux triangles ont l'hypoténuse 001-213 commune. En désignant ce dernier côté par c, par A l'angle opposé dans le premier triangle à l'arc 213-203 = **a**, et par A' l'angle opposé dans le second triangle à l'arc 213-112 = **a'**, il vient :

$$\sin c = \frac{\sin a}{\sin A} = \frac{\sin a'}{\sin A'},$$

d'où

$$\frac{\sin a}{\sin a'} = \frac{\sin A}{\sin A'}$$

mais

$$A' = 45 - A ;$$

développant

$$\frac{1}{2} \sqrt{2} \qquad \frac{1}{2} \sqrt{2} = \frac{\sin a'}{\sin a}$$

ou

$$\cotg A = \frac{\sin a'}{\sin 45 \sin a} + 1.$$

Ayant ainsi calculé A en fonction de **a** et **a'**, on obtient immédiatement l'arc 100-210, dont la tangente est égale à $\frac{1}{2}$, ou, d'une façon générale, $\frac{l}{k}$. Ce même angle A permet de calculer l'arc 001-203, dont la tangente est égale à $\frac{2}{3}$ ou, d'une façon générale, $\frac{k}{h}$.

Connaissant les rapports $\frac{l}{k}$ et $\frac{k}{h}$, les trois indices sont déterminés. Ou bien $\frac{l}{k}$ et $\frac{k}{h}$ déterminant les symboles du cube pyramidé et de l'ikositétraèdre qui tronquent respectivement les arêtes moyennes et les plus longues arêtes de l'hexakisoctaèdre, le point de rencontre des cercles de zone de ces deux solides donnera le symbole de l'hexakisoctaèdre.

Supposons que les deux angles donnés soient égaux, le premier à 149°, et le second à 158°; il en résulte :

$$a = 15° 30' \qquad et \qquad a' = 11°$$

$$\cotg A = \frac{\sin 11}{\sin 45 \sin 15° 30'} + 1$$

$$\log \sin 11° = \overline{1},2805988$$

$$- \log \sin 45° = 0,1505150$$

$$- \log \sin 15° 30' = \underline{0,5731012}$$

$$0,0042150$$

Nombre correspondant $= 1,0097$

$$\cotg A = 2,0097, \qquad donc \; \frac{l}{k} = \frac{1}{2,0097} \; ou \; \frac{1}{2}.$$

Le triangle 001-213-302 donne

$$\sin 001\text{-}302 = \frac{\text{tg } \mathbf{a}}{\text{tg A}} = 2 \text{ tg } 15° 30'$$
$$\log \sin 001\text{-}302 = \log 2 = 0,3010300$$
$$+ \log \text{tg } 15° 30' = \overline{1},4429883$$
$$\cdot \log \sin 001\text{-}302 = \overline{1},7440183$$
$$\log \text{tg } 001\text{-}302 = \overline{1},8238438$$
$$\text{tg } 001\text{-}302 = \frac{k}{h} = 0,66657 \text{ ou } \frac{2}{3}.$$

De $\frac{k}{h} = \frac{2}{3}$ et $\frac{l}{k} = \frac{1}{2}$ on déduit : $h = 3$, $k = 2$, $l = 1$.

Le symbole de l'hexakisoctaèdre est donc {321}.

2° On donne l'angle des arêtes moyennes et l'angle des plus courtes arêtes. — On connaît l'arc 213-302 et l'arc 525-213, moitié de 213-312. Si, comme ci-dessus, on considère les deux triangles sphériques 203-213-101 et 525-213-101 ayant l'hypoténuse commune, que nous désignerons par **c**, et si l'on appelle A l'angle opposé à l'arc 213-203 $=$ **a** et A' l'angle opposé au côté 525-213 $=$ **a**', on aura encore

$$\sin c = \frac{\sin \mathbf{a}}{\sin A} = \frac{\sin \mathbf{a}'}{\sin A'},$$

ou

$$\frac{\sin A}{\sin A'} = \frac{\sin \mathbf{a}}{\sin \mathbf{a}'} ;$$

mais

$$A + A' = 90°,$$

d'où

$$\text{cotg } A' = \frac{\sin \mathbf{a}}{\sin \mathbf{a}'}.$$

Les deux triangles rectangles considérés sont déterminés, et par conséquent les deux arcs 101-203 et 101-525. C'est-à-dire que l'on connaît maintenant les symboles des deux solides à 24 faces, cube pyramidé et octaèdre pyramidé, tronquant les deux arêtes dont on a mesuré les angles. Au moyen des symboles de ces deux formes, on déduit le symbole de l'hexakisoctaèdre.

3° **On donne l'angle des plus longues arêtes et l'angle des plus courtes arêtes.** — On connaît les deux arcs $213:112 = $ **a** et $213\text{-}525 = $ **a'**. Ces deux arcs forment deux triangles rectangles possédant l'hypoténuse commune $213\text{-}111 = $ **c**. Si l'on appelle A et A' les angles en 111 opposés aux côtés **a** et **a'**, on aura :

$$\sin c = \frac{\sin a}{\sin A} = \frac{\sin a'}{\sin A'},$$

ou

$$\frac{\sin A}{\sin A'} = \frac{\sin a}{\sin a'};$$

mais

$$A + A' = 60°,$$

donc

$$\operatorname{cotg} A = \frac{\sin a'}{\sin a \, \sin 60} + \frac{1}{2}.$$

La valeur de A permet de résoudre les deux triangles sphériques et, par suite, de connaître les symboles des deux solides à 24 faces ikositétraèdre et octaèdre pyramidé, qui tronquent les arêtes mesurées. On en déduit le symbole de l'hexakisoctaèdre.

Applications

1° GRENAT-MÉLANITE

Cette forme est une combinaison (*fig.* 35) du dodécaèdre rhomboïdal et d'un ikositétraèdre dont il faut déterminer le symbole.

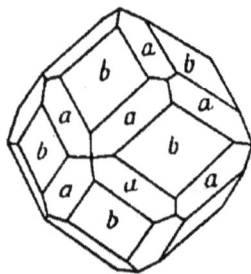

Fig. 35.

On portera sur la projection les différents pôles du dodécaèdre rhomboïdal (*fig.* 36), on tracera les cercles de zone. Si l'on désigne par *a* les facettes de l'ikositétraèdre, et par *b* celles du dodécaèdre, la simple inspection du cristal montre qu'une facette quelconque *a* est en zone avec ses deux voisines *b*. L'angle *ab* mesuré au goniomètre est trouvé égal à 150°. En portant, d'après la méthode connue, sur les grands cercles [101-011], [101-110] et [110-011]

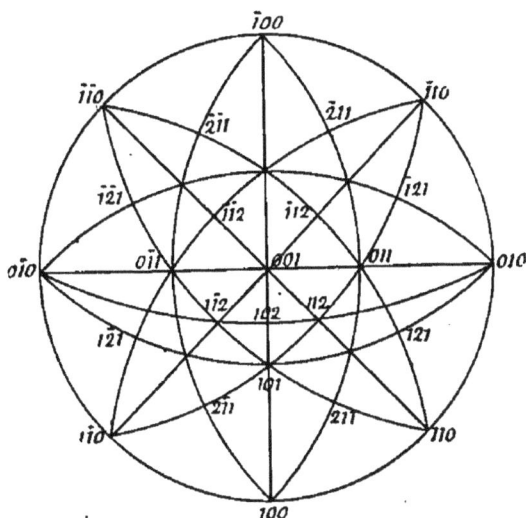

Fig. 36.

des arcs égaux à 180° — 50° = 30°, on aura la position des pôles de 3 facettes d'un même octant. Les autres pôles s'obtiendront par symétrie.

Calcul du symbole de l'ikositétraèdre. — Le triangle 101-112-001 rectangle en 112 donne

$$\operatorname{tg} 001\text{-}112 = \operatorname{tg} 001\text{-}101 \ \cos 001$$

$$- \quad = \operatorname{tg} 45 \ \cos 45 = \frac{\sqrt{2}}{2}.$$

En traçant le grand cercle [112-1$\overline{1}$2], le triangle 001-102-112 rectangle en 102 donne

$$\operatorname{tg} 001\text{-}102 = \operatorname{tg} 001\text{-}112 \ \cos 001$$

$$- \quad = \frac{\sqrt{2}}{2} \cos 45 = \frac{1}{2},$$

donc

$$\frac{k}{h} = \frac{1}{2}, \qquad k = 1, \qquad h = 2.$$

{hko} = {210} est donc le symbole du cube pyramidé correspondant à l'ikositétraèdre donné. Le symbole de ce dernier sera {211}.

Le schéma des zones aurait fourni, sans calcul trigonométrique, le symbole de la facette (112) qui se trouve à la rencontre des deux zones [101-011] et [001-110].

2° PYRITE DE FER

Le cristal est un dodécaèdre pentagonal (*fig.* 37) dont on doit déterminer le symbole.

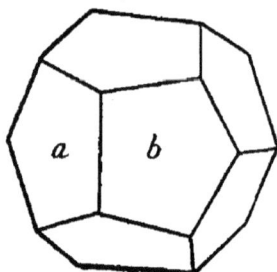

FIG. 37.

L'angle de deux facettes *ab* est trouvé égal à 127°. On portera sur le grand cercle (*fig.* 38) un arc 100-210 égal à

$$\frac{180° - 127°}{2} = 26° 30'.$$

On aura ainsi les quatre pôles (210), ($\bar{2}$10), ($\bar{2}\bar{1}$0,) et (2$\bar{1}$0).

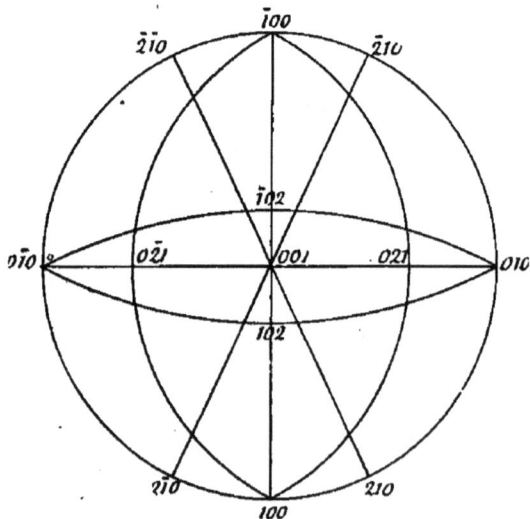

FIG. 38.

Les quatre autres facettes seront obtenues en portant, d'après la méthode connue, des arcs 001-102, etc., égaux aussi à 26° 30′.

Calcul du symbole du dodécaèdre pentagonal. — La tangente de l'arc 100-210 fournit immédiatement le rapport $\dfrac{k}{h}$.

$$\log \operatorname{tg} 100\text{-}210 = \log \operatorname{tg} 26°30' = \overline{1},6977363$$

$$\operatorname{tg} 100\text{-}210 = 0,49858 \quad \text{ou} \ \frac{1}{2},$$

donc

$$\frac{k}{h} = \frac{1}{2}, \qquad h = 2, \qquad k = 1.$$

Le symbole est, par conséquent, π (210).

SYSTÈME HEXAGONAL

Il faut calculer, en outre, des symboles des diverses formes, la relation axiale $\dfrac{c}{a}$ de chaque cristal, c'est-à-dire le rapport existant entre la longueur du paramètre **c** de l'axe vertical et celle du paramètre **a** se rapportant à l'un des axes horizontaux. Le paramètre **a** est toujours supposé égal à l'unité.

Quand on veut appliquer le schéma des zones au système hexagonal, où, selon la notation de Bravais-Miller, il existe pour chaque facette quatre indices au lieu de trois, il est nécessaire de transformer le symbole de la manière suivante.

On a vu qu'une facette de pyramide est notée d'une façon générale par le symbole ($hi\bar{k}l$) dans lequel :

h se rapporte à l'axe secondaire $A_1A'_1$ compté positivement dans la direction OA_1 et négativement dans la direction opposée OA_1' (*fig.* 39) ;

i se rapporte à l'axe secondaire $A_2A'_2$ compté positivement suivant OA_2 et négativement suivant OA'_2 ;

k se rapporte au troisième axe secondaire $A_3A'_3$ compté positivement dans le sens OA_3 et négativement dans le sens OA'_3 ;

Et enfin l se rapporte à l'axe vertical.

Entre les trois premiers indices existe la relation

$$h + i + k = 0.$$

Si, pour des motifs de symétrie, il importe de conserver ce mode général de notation, lorsqu'il s'agit de calculs de zones, il suffit, pour définir la position de la facette, de trois indices, se rapportant à trois axes indépendants les uns des autres.

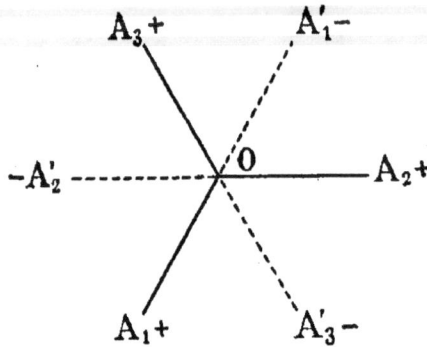

Fig. 39.

On prendra alors pour axes :

1° L'axe secondaire OA_1 ;

2° L'axe secondaire OA'_3, sur lequel, contrairement à ce qui était convenu ci-dessus, la direction OA'_3 sera positive, tandis que la direction OA_3 sera négative ;

3° L'axe vertical.

Par suite de cette nouvelle convention, le symbole $(hi\bar{k}l)$ devient (hkl). En d'autres termes, on supprime le second indice et l'on change le signe du troisième.

Réciproquement, pour passer du symbole (hkl) au symbole $(hi\bar{k}l)$, on change le signe du second terme, et l'on rétablit le terme i en s'appuyant sur la relation

$$h + i + k = 0,$$

d'où l'on tire

$$i = - (h + k),$$

et le symbole général devient $[h(\overline{h+k})\,\bar{k}l]$.

EXEMPLE. — Trouver le symbole de la facette passant par les deux zones $[2\bar{1}\bar{1}1\text{-}10\bar{1}0]$ et $[20\bar{2}1\text{-}1\bar{1}00]$?

En transformant les symboles à trois indices, on aurait les deux zones $[211\text{-}110]$ et $[221\text{-}100]$ qui, par leur intersection, donneraient la facette (321). Si l'on voulait passer de nouveau au symbole à quatre indices, on obtiendrait pour la facette cherchée le symbole $(3\bar{1}\bar{2}1)$.

PYRAMIDES ET PRISMES DE PREMIER ET DE DEUXIÈME ORDRE

On prend comme plan de projection le plan de symétrie principale. Le cercle fondamental contient donc les pôles des facettes de tous les prismes, et en particulier les facettes des prismes de premier et de deuxième ordre sont données directement par leurs distances de 60° et de 30°. Le centre du cercle est le pôle de la base (0001). Les six diamètres aboutissant aux pôles des prismes de premier et de deuxième ordre contiendront les pôles des pyramides correspondantes.

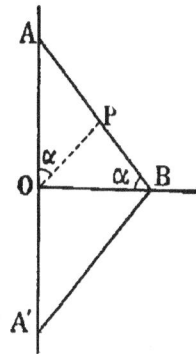

Pour avoir la projection des facettes d'une pyramide, il suffit par conséquent de connaître l'inclinaison de l'une d'elles sur l'axe principal, c'est-à-dire la distance de son pôle à la base (0001). Cet angle α (OP étant perpendiculaire sur AB, ligne de plus grande pente d'une face de la pyramide) est égal à la moitié de l'angle ABA' des arêtes de base de la pyramide (fig. 40).

Fig. 40.

Si donc on a mesuré cet angle, on portera, d'après la méthode connue, sur les différents diamètres un arc tel que $0001\text{-}10\bar{1}1 = \alpha$. On obtiendra ainsi les six pôles de la proto-pyramide primaire.

Si l'on trace les cercles de zone passant par deux facettes voisines et aboutissant à deux facettes opposées du prisme de premier ordre, ces cercles rencontrent les diamètres aboutissant aux pôles du prisme de deuxième ordre en des points qui seront les pôles d'une pyramide de deuxième ordre $\{11\overline{2}2\}$ tronquant les arêtes polaires de la protopyramide.

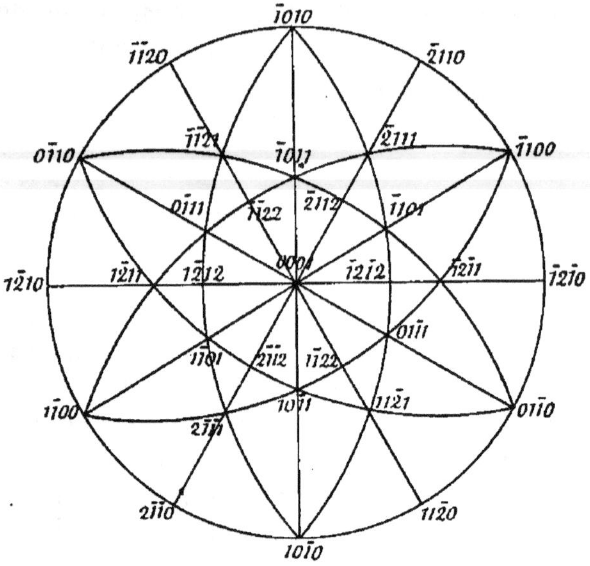

Fig. 41.

Connaissant l'angle 2α des arêtes de base de la pyramide de premier ordre, c'est-à-dire le double de l'arc $10\overline{1}1\text{-}0001$, comme l'angle en 0001 du triangle rectangle $0001\text{-}10\overline{1}1\text{-}11\overline{2}2$ est égal à $30°$, on est en état de calculer l'arc $10\overline{1}1\text{-}11\overline{2}2$, c'est-à-dire le demi-supplément β de l'angle des arêtes polaires de la protopyramide.

On a

$$\sin 10\overline{1}1\text{-}11\overline{2}2 = \sin 0001\text{-}10\overline{1}1 \, \sin 30$$

ou

$$\sin \beta = \sin \alpha \, \sin 30.$$

Dans le cas où, inversement, on aurait mesuré l'angle des arêtes polaires, le même triangle donnerait pour valeur de l'angle des arêtes de base :

$$\sin \alpha = \frac{\sin \beta}{\sin 30}$$

CALCUL DE LA RELATION AXIALE

Le triangle rectangle considéré ci-dessus donne pour l'arc $0001\text{-}11\overline{2}2 = \gamma$

(1) $\operatorname{tg}\gamma = \operatorname{tg}\alpha \cos 30,$

et

(2) $\sin\gamma = \dfrac{\operatorname{tg}\beta}{\operatorname{tg}30},$

selon que l'on a mesuré l'angle des arêtes de base ou l'angle des arêtes polaires de la protopyramide.

Mais OD étant perpendiculaire sur AC, ligne de plus grande pente d'une facette de la deutopyramide {1122}, le triangle AOC (*fig. 42*) donne

(3) $\operatorname{tg}\gamma = \dfrac{c}{a}$ ou c.

Il est donc possible de calculer la relation axiale **c** en fonction soit de α, soit de β.

FIG. 42.

EXEMPLE. — Appliquons les notions précédentes à la recherche de la relation axiale d'une protopyramide de *quartz*.

Angle des arêtes de base = 103° 34'   α = 51° 47'

$$c = \operatorname{tg}51° 47', \qquad \cos 30°$$

log tg 51° 47' = 0,1038082

log cos 30° = $\overline{1}$,9375306

log c   = 0,0413388

c = 1,0999.

Angle des arêtes polaires = 133° 44',   β = 23° 8'

$$\sin\gamma = \frac{\operatorname{tg}23°\,8'}{\operatorname{tg}30°}$$

log tg 23° 8' = $\overline{1}$,6306556

— log tg 30° = 0,2385606

log sin γ   = $\overline{1}$,8692162

log tg γ = log c = 0,0414150

c = 1,1000, même valeur que ci-dessus.

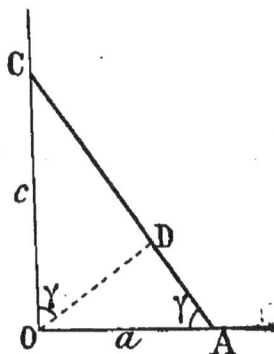

Inversement, connaissant la relation axiale d'une protopyramide, il est facile de calculer ses angles.

Les cercles de zone qui ont été tracés rencontrent les diamètres aboutissant aux pôles du deutoprisme en des points qui sont les pôles de la deutopyramide {11$\bar{2}$1}. En menant ensuite les cercles de zone identiques à [1$\bar{1}$00-11$\bar{2}$1-$\bar{1}$100], on obtiendrait, par leurs intersections avec les axes transverses, les pôles d'une protopyramide {20$\bar{2}$1} possédant un axe principal double de celui de la pyramide primaire. Les cercles de zone menés par les pôles de {20$\bar{2}$1} fourniraient les pôles de la deutopyramide {22$\bar{4}$1}, qui, eux-mêmes, donneraient {40$\bar{4}$1}, et ainsi de suite.

PRISME DIHEXAGONAL {$hi\bar{k}$0}

Il résulte de la relation $h + i + k = 0$ que deux indices h et k indépendants l'un de l'autre suffisent pour déterminer le prisme dihexagonal {$hi\bar{k}$0}. La position des pôles de ce solide sur le grand cercle de projection est donc fonction des deux indices h et k.

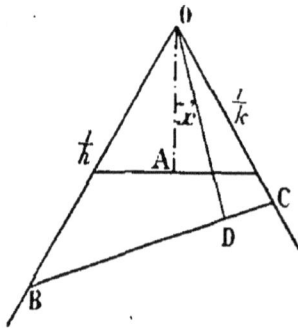

FIG. 43.

Soit BC (fig. 43) la trace d'une facette du prisme dihexagonal sur le plan de symétrie principale. Cette trace coupe les deux axes secondaires OB et OC à des distances $\frac{1}{h}$ et $\frac{1}{k}$. La position du pôle de la facette sur la projection sera fixée par l'angle AOD = x, OD étant perpendiculaire sur BC. Les deux triangles OBD et ODC donnent :

$$OD = \frac{1}{h} \cos (30° + x)$$

$$OD = \frac{1}{k} \cos (30° - x).$$

Égalant ces deux valeurs de OD, il vient :

$$\frac{1}{h}(\cos 30^\circ \cos x - \sin 30^\circ \sin x) = \frac{1}{k}(\cos 30^\circ \cos x + \sin 30^\circ \sin x),$$

ou

$$\cos 30^\circ \cos x \left(\frac{1}{h} - \frac{1}{k}\right) = \sin 30 \sin x \left(\frac{1}{h} + \frac{1}{k}\right),$$

ou

$$\cotg 30^\circ \cotg x = \frac{\dfrac{1}{h} + \dfrac{1}{k}}{\dfrac{1}{h} - \dfrac{1}{k}},$$

ou enfin

$$\cotg x = \frac{\dfrac{1}{h} + \dfrac{1}{k}}{\dfrac{1}{h} - \dfrac{1}{k}} \, \tg 30^\circ.$$

Si l'on prend comme exemple le prisme dihexagonal le plus simple $\{21\bar{3}0\}$, on aura :

$$\cotg x = \frac{\dfrac{1}{2} + \dfrac{1}{3}}{\dfrac{1}{2} - \dfrac{1}{3}} \, \tg 30^\circ = 5 \, \tg 30^\circ$$

$$
\begin{aligned}
\log 5 &= 0,6989700 \\
+ \log \tg 30^\circ &= \overline{1,7614394} \\
\log \cotg x &= 0,4604094 \\
x &= 19^\circ\, 6'\, 20''.
\end{aligned}
$$

Il suffira donc de porter sur le cercle fondamental, de chaque côté des pôles du protoprisme, des arcs égaux à x.

CALCUL DES ANGLES

De la valeur de x on déduit immédiatement que l'angle du prisme dihexagonal $\{21\bar{3}0\}$, correspondant aux axes transverses est égal à $180 - 2 \times 19^\circ\, 6'\, 20'' = 141^\circ\, 7'\, 20''$.

L'angle correspondant aux axes secondaires a pour valeur

$$180 - 2\,(30 - 19°\,6'\,20'') = 158°\,12'\,40''.$$

CALCUL DES INDICES

De la valeur de cotg x, trouvée plus haut, on tire

$$\frac{h}{k} = \frac{\text{cotg}\,x\,\text{cotg}\,30° - 1}{\text{cotg}\,x\,\text{cotg}\,30° + 1}.$$

Si donc on connaît un des angles du prisme dihexagonal, on calculera $\dfrac{h}{k}$, et par conséquent le symbole du solide sera déterminé.

EXEMPLE : **Béryl.** — On a trouvé par mesure directe l'angle correspondant aux transverses égal à 133° 54'; il en résulte $x = 23°\,4'$:

$$\frac{h}{k} = \frac{\text{cotg}\,23°\,4'\,\text{cotg}\,30° - 1}{\text{cotg}\,23°\,4'\,\text{cotg}\,30° + 1}$$

$$\log \text{cotg}\,23°4' = 0,3707447$$
$$+ \log \text{cotg}\,30° = 0,2385606$$
$$\overline{\qquad\qquad 0,6093053}$$

Nombre correspondant $= 4,0673$:

$$\frac{h}{k} = \frac{4,0673 - 1}{4,0673 + 1} = \frac{3,0673}{5,0673} \qquad \text{ou} \qquad \frac{3}{5}.$$

On en conclut $h = 3$, $k = 5$, et par conséquent $i = 2$.

Le symbole du prisme dihexagonal est $\{32\bar{5}0\}$.

PYRAMIDE DIHEXAGONALE $\{h\bar{i}kl\}$

Choisissons, comme exemple de calcul, la forme la plus simple $\{21\bar{3}1\}$. Le pôle de la facette $(21\bar{3}1)$ se trouve à l'intersection des deux cercles de zone $[0001\text{-}2\bar{1}\bar{3}0]$ et $[10\bar{1}0\text{-}11\bar{2}1]$. On obtient les autres pôles par symétrie.

Si l'on considère trois facettes voisines, par exemple $(31\bar{2}1)$, $(21\bar{3}1)$ et $(1\bar{2}31)$, le cercle de zone $[31\bar{2}1\text{-}21\bar{3}1]$ rencontre le diamètre $[0001\text{-}10\bar{1}0]$ en un point p, tandis que le cercle de zone $[21\bar{3}1\text{-}1\bar{2}31]$ rencontre le diamètre $[0001\text{-}11\bar{2}0]$ en un point q (fig. 44). Le point p est le pôle de la protopyramide qui tronque les arêtes polaires de $\{21\bar{3}1,\}$ aboutissant aux axes

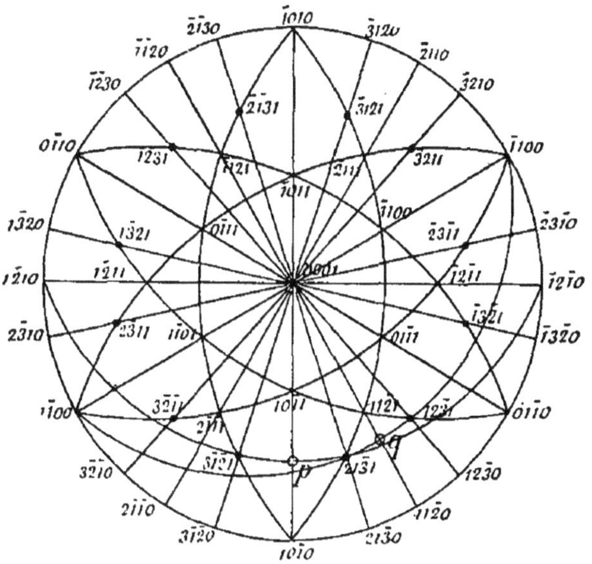

FIG. 44.

transverses. Le schéma des zones indique pour cette pyramide. le symbole $\{50\bar{5}2\}$; en d'autres termes son axe principal est égal à la relation axiale de la pyramide fondamentale multipliée par $\frac{5}{2}$. De même, le point q est le pôle de la deutopyramide tronquant les arêtes aboutissant aux axes secondaires. Son symbole est $\{33\bar{6}2\}$; elle possède un axe principal égal à 3 fois la relation axiale **c** de la pyramide primaire.

Comme nous savons représenter les deux pyramides $\{50\bar{5}2\}$ et $\{33\bar{6}2\}$, il en résulte que :

Connaissant le symbole d'une pyramide dihexagonale, il est facile d'en déduire, comme nous venons de le voir, les symboles des deux pyramides p et q, qui tronquent les deux espèces d'arêtes polaires de la pyramide dihexagonale ; nous porterons donc sur la projection les pôles des deux pyramides p et q et du prisme dihexagonal correspondant à la pyramide dihexagonale donnée. Nous tracerons ensuite les différents cercles de zone. Les pôles de la pyramide dihexagonale se trouveront aux points de rencontre des cercles de zone des deux pyramides p et q, ou aux points de rencontre des cercles de zone de l'une d'entre elles et des cercles de zone du prisme dihexagonal.

CALCUL DES ANGLES

L'arc $21\bar{3}0$-$10\bar{1}0$ est égal à l'angle en 0001 du triangle rectangle 0001-p-$21\bar{3}1$, et sa différence de 30°, c'est-à-dire $21\bar{3}0$-$11\bar{2}0$, est égale à l'angle en 0001 du triangle rectangle $21\bar{3}1$-q-0001. On connaît, en outre, les côtés 0001-p et 0001-q. On peut donc calculer les côtés $21\bar{3}1$-p, $21\bar{3}1$-q et $21\bar{3}1$-0001. Les deux premiers côtés sont les demi-suppléments des angles des arêtes polaires de la pyramide dihexagonale $\{21\bar{3}1\}$, le dernier est le demi-angle des arêtes de base.

CALCUL DES INDICES ET DE LA RELATION AXIALE

On emploiera les mêmes triangles rectangles que ci-dessus, mais d'une façon inverse.

Soient les deux angles d'arêtes polaires

$$\mathbf{a} = 21\bar{3}1\text{-}p$$
$$\mathbf{a}' = 21\bar{3}1\text{-}q.$$

En appelant A et A' les angles en 0001 opposés aux arcs $\mathbf{a}$ et $\mathbf{a}'$, on aura :

$$\frac{\sin A}{\sin A'} = \frac{\sin \mathbf{a}}{\sin \mathbf{a}'};$$

mais

$$A' = 30° - A,$$

donc

$$\operatorname{cotg} A = \frac{2 \sin a'}{\sin a} + \sqrt{3}.$$

La valeur de A, ainsi trouvée, est égale à l'arc $10\overline{1}0\text{-}2\overline{1}\overline{3}0$, (d'une manière générale $10\overline{1}0\text{-}hi\overline{h}0$). Cet angle servira à calculer le rapport $\frac{h}{k}$.

Dans le triangle rectangle $0001\text{-}q\text{-}2\overline{1}\overline{3}1$ on connaît l'angle en 0001 égal à $30° - A$, et l'arc $2\overline{1}\overline{3}1\text{-}q = a'$. On calcule le côté $0001\text{-}q$. La tangente de cet arc égale la longueur de l'axe principal c' de la deutopyramide q. Si le cristal étudié se compose d'une protopyramide, qui aura été considérée comme fondamentale et dont on aura calculé la relation axiale c, et d'une pyramide dihexagonale, le rapport $\frac{c'}{c}$ sera égal à $\frac{k}{h}$. Au cas où le solide se composerait d'une pyramide dihexagonale seule, il n'y aurait aucune raison pour faire l différent de 1, si l'on ignore la relation axiale de la substance.

On aurait alors :

$$k = \frac{c'}{c}, \qquad \text{d'où} \qquad c = \frac{c'}{k}.$$

On obtiendra ainsi la relation axiale de la pyramide dihexagonale.

Si l'on avait mesuré un angle d'arêtes polaires et l'angle des arêtes de base, le calcul aurait été plus simple. La moitié de l'angle des arêtes de base est égale à l'arc $0001\text{-}2\overline{1}\overline{3}1$ ($0001\text{-}hi\overline{h}l$ en général). Cet arc forme avec $0001\text{-}p$ et la demi-arête polaire mesurée $p\text{-}2\overline{1}\overline{3}1$, par exemple, un triangle rectangle dans lequel on calcule le côté $0001\text{-}p$ et l'angle en 0001. Cet angle en 0001, qui a été désigné par A, fournit le rapport $\frac{h}{k}$.

Le côté $0001\text{-}p$ donne le symbole $\{h0\overline{h}l\}$ de la protopyramide p, $\frac{h}{l}$ étant égal au rapport de la relation axiale de la pyramide p et de la relation axiale de la substance.

La pyramide dihexagonale se trouve à la rencontre des deux zones connues $[p\text{-}\overline{1}2\overline{1}0]$ et $[0001\text{-}hi\overline{k}0]$; son symbole est donc déterminé.

EXEMPLE : **Béryl**. — Les deux angles d'arêtes polaires de la pyramide dihexagonale ont été mesurés au goniomètre.

Angle des arêtes aboutissant aux axes transverses $= 148°14$

— — secondaires $= 161°49'$

$$\mathbf{a} = 15°52', \qquad \mathbf{a'} = 9°5'30''$$

$$\operatorname{cotg} A = \frac{2\sin 9°5'30''}{\sin 15°52'} + \sqrt{3}$$

$$
\begin{aligned}
\log 2 &= 0{,}3010300 \\
\log \sin 9°5'30'' &= \overline{1}{,}1986968 \\
- \log \sin 15°52' &= 0{,}5632020 \\
\hline
& 0{,}0629288
\end{aligned}
$$

, **Nombre correspondant** $= 1{,}1559$

$$
\begin{aligned}
\operatorname{cotg} A &= 1{,}1559 + \sqrt{3} = 2{,}8879 \\
\log \operatorname{cotg} A &= 0{,}4605882 \\
A &= 19°6' \\
\frac{h}{k} &= \frac{\operatorname{cotg} 19°6'\, \operatorname{cotg} 30° - 1}{\operatorname{cotg} 19°6'\, \operatorname{cotg} 30° + 1} \\
\log \operatorname{cotg} 19°6' &= 0{,}4605822 \\
+ \log \operatorname{cotg} 30° &= 0{,}2385606 \\
\hline
& 0{,}6991428
\end{aligned}
$$

Nombre correspondant $= 5{,}0002$.

$$\frac{h}{k} = \frac{5{,}0002 - 1}{5{,}0002 + 1} = \frac{4{,}0002}{6{,}0002} \qquad \text{ou} \qquad \frac{4}{6} = \frac{2}{3},$$

donc

$$h = 2, \qquad k = 3.$$

Comme la pyramide dihexagonale est la seule forme contenue dans le cristal, on fera $l = 1$, et le symbole sera $\{21\overline{3}1\}$.

On a

$$A' = 30 - 19°6' = 10°54'.$$

Le triangle rectangle 0001-q-21$\bar{3}$1 donne

$$\sin 0001\text{-}q = \frac{\operatorname{tg} 9°50'30''}{\operatorname{tg} 10°54'}$$

$$\log \operatorname{tg} 9°50'30'' = 1,2041875$$
$$-\log \operatorname{tg} 10°54' = 0,7154122$$
$$\overline{\phantom{-\log \operatorname{tg} 10°54'} = 1,9193997}$$

$$0001\text{-}q = 56°12'$$
$$c' = \operatorname{tg} 56°12'$$
$$\log \operatorname{tg} 56°12' = 0,1742873$$
$$c' = 1,4937$$
$$c = \frac{c'}{k} = \frac{1,4937}{3} = 0,4979.$$

La relation axiale est $c = 0,4979$.

APPLICATION

APATITE

Le cristal se compose (*fig. 45*) de la protopyramide, du pro-

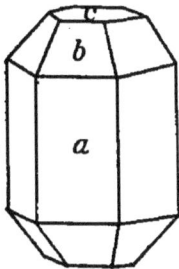

Fig. 45.

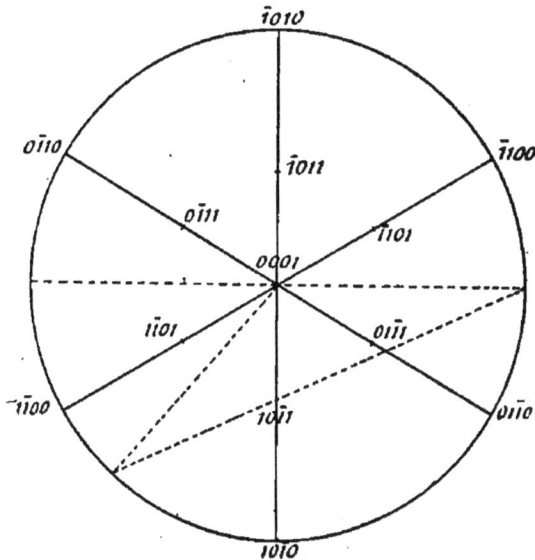

Fig. 46.

toprisme et de la base. Les six diamètres distants de 60°

donnent les pôles du protoprisme. L'angle des deux facettes *a, b* étant égal à 130° 18', on portera son supplément 49° 42', d'après la méthode connue, sur le diamètre [10$\overline{1}$0-0001]. On aura ainsi les six pôles de la protopyramide (*fig.* 46).

Calcul de la relation axiale

$$0001\text{-}10\overline{1}1 = \gamma = 90° - 49° 42' = 40° 18'$$
$$\text{tg } \gamma = c = \text{tg } 40° 18' \cos 30°$$
$$\log \text{tg } 40° 18' = 1,9284701$$
$$+ \log \cos 30° = 1,9375306$$
$$\overline{1,8660007}$$
$$c = 0,7346.$$

SYSTÈME RHOMBOÉDRIQUE

RHOMBOÈDRE

Le plan de symétrie principale sert de plan de projection.

Dans le cas de la projection stéréographique des formes holoédriques du système hexagonal, les six rayons parallèles aux axes secondaires étaient équivalents; il n'en est plus de même dans le cas présent. Tandis que les trois rayons écartés de 120° et aboutissant aux points 10$\overline{1}$0, $\overline{1}$100 et 0$\overline{1}$10, contiennent les pôles des rhomboèdres positifs (*fig.* 47), les trois autres rayons contiennent ceux des rhomboèdres négatifs.

Chaque rhomboèdre, par exemple α (10$\overline{1}$1), est déterminé par son inclinaison sur l'axe vertical, c'est-à-dire par l'arc 10$\overline{1}$1-0001 $= \alpha$. On peut calculer cet angle en fonction de l'angle des arêtes polaires du rhomboèdre. Le grand cercle [10$\overline{1}$1-$\overline{1}$101] rencontre le rayon [0001-0$\overline{1}$10] en un point 01$\overline{1}$2. L'arc 10$\overline{1}$1-01$\overline{1}$2 est égal au demi-supplément de l'angle des arêtes polaires du rhomboèdre. Le triangle 0001-10$\overline{1}$1, 0$\overline{1}$12, rectangle en $01\bar{1}2$, donne

$$\sin \alpha = \frac{\sin 10\bar{1}1 - 01\bar{1}2}{\sin 60}$$

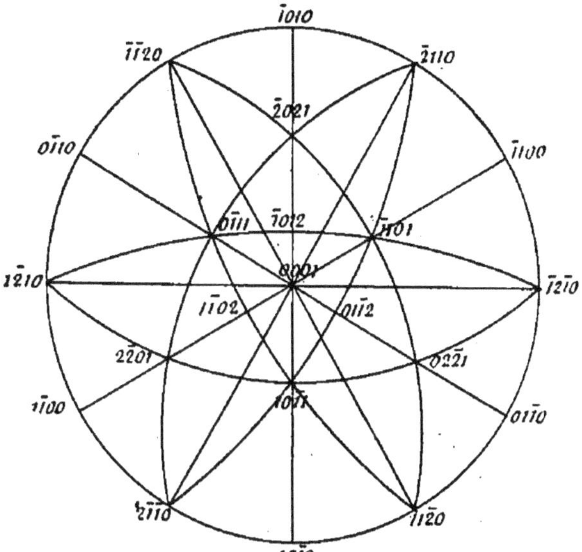

Fig. 47.

Inversement, la même formule permet de connaître l'angle des arêtes polaires en fonction de l'inclinaison du rhomboèdre sur l'axe vertical.

CALCUL DE LA RELATION AXIALE

Le grand cercle $[\bar{1}100\text{-}10\bar{1}1\text{-}\bar{1}100]$ coupe le diamètre $[0001\text{-}11\bar{2}0]$ en $11\bar{2}2$, et le triangle rectangle $0001\text{-}10\bar{1}1\text{-}11\bar{2}2$ donne :

$$\text{tg } 0001\text{-}11\bar{2}2 = \text{tg } \alpha \cos 30^{\circ}.$$

Mais nous avons vu, à propos du système hexagonal, page 109, que

$$\text{tg } 0001\text{-}11\bar{2}2 = \mathbf{c}, \text{ relation axiale du cristal.}$$

Il en résulte :

$$c = \text{tg } \alpha \cos 30.$$

La mesure de l'angle des arêtes médianes aurait évidemment conduit au même résultat, par cette raison que les angles du rhomboèdre sont supplémentaires.

EXEMPLE : **Rhomboèdre primitif de spath calcaire.** — L'angle des arêtes polaires étant égal à 105° 5', l'arc 10$\bar{1}$1-0$\bar{1}$12 a pour valeur 37° 27′ 30″.

$$\sin \alpha = \frac{\sin 37° 27' 30''}{\sin 60°}$$

$$\begin{array}{ll}
\log \sin 37° 27' 30'' = & 1,7840352 \\
- \log \sin 60° \quad = & 0,0624694 \\
\hline
& 1,8465046
\end{array}$$

$$\alpha = 44° 36' 30''$$

$$c = \text{tg } 44° 36' 30'' \cos 30°$$

$$\begin{array}{ll}
\log \text{tg } 44° 36' 30'' = & \overline{1},9940623 \\
+ \log \cos 30° \quad = & \overline{1},9375306 \\
\hline
& \overline{1},9315929
\end{array}$$

$$c = 0,8543$$

SCALÉNOÈDRE

Comme le scalénoèdre est l'hémièdre de la pyramide dihexagonale, la méthode décrite à propos de ce dernier solide est applicable au scalénoèdre.

Plusieurs cas se présentent relativement au calcul des indices du scalénoèdre. Le plus simple est celui où le scalénoèdre est combiné avec son rhomboèdre des arêtes moyennes. Si l'on a mesuré l'angle du rhomboèdre, ce solide est déterminé ; supposons ses pôles en (10$\bar{1}$1), ($\bar{1}$101) et (0$\bar{1}$11). La facette de scalénoèdre (21$\bar{3}$1) — d'une manière générale (hikl) — se trouve dans la zone connue [10$\bar{1}$1-1$\bar{1}$20] (fig. 48). L'angle des deux formes, porté sur l'arc 10$\bar{1}$1-11$\bar{2}$0, donne un

des pôles du scalénoèdre et, par conséquent, les autres pôles
par symétrie.

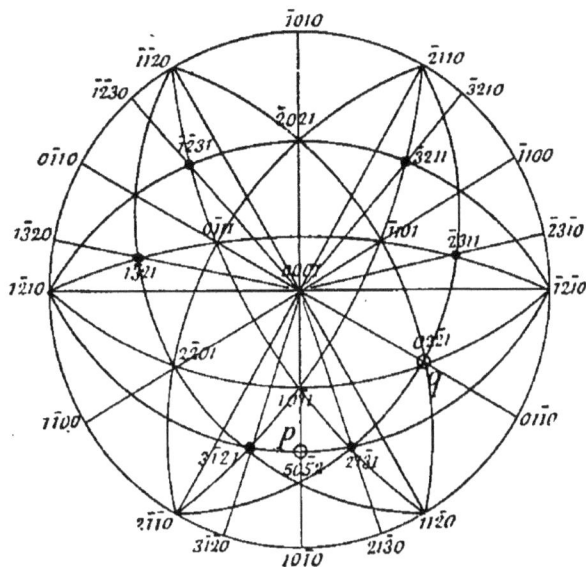

FIG. 48.

Le cercle de zone des arêtes obtuses du scalénoèdre [2131-
3$\bar{1}$21] rencontre le diamètre [0001-10$\bar{1}$0] en un point p, pôle
du rhomboèdre tronquant ces arêtes polaires obtuses. Dans
le triangle rectangle 10$\bar{1}$1-10$\bar{1}$0-11$\bar{2}$0, on calcule l'angle en
10$\bar{1}$1, qui lui-même appartient au triangle 10$\bar{1}$1-p-2131. Dans
ce dernier triangle on calcule le côté 10$\bar{1}$1-p, qui donne le
symbole du rhomboèdre. p et l'arc p-2131, demi-supplément
de l'angle des arêtes polaires obtuses du scalénoèdre. Ces
deux valeurs permettent de calculer, dans le triangle 0001-p-
2131, l'angle en 0001, c'est-à-dire le symbole du prisme
dihexagonal correspondant au scalénoèdre. Une facette de
solide se trouvant à la rencontre des deux zones [p-1$\bar{2}$10] et
[0001-21$\bar{3}$0], le symbole est déterminé.

Au cas où il ne s'agirait que d'un scalénoèdre unique, on
le calculerait au moyen de ses angles d'arêtes. Si l'on a
mesuré les deux angles d'arêtes polaires, leurs demi-sup-

pléments sont les arcs compris entre une face du scalénoèdre et les deux facettes de rhomboèdres tronquant les plus longues, puis les plus courtes arêtes, par exemple les arcs $\mathbf{a} = 2\bar{1}\bar{3}1\text{-}p$ et $\mathbf{a}' = 2\bar{1}\bar{3}1\text{-}q$. Au moyen des deux triangles rectangles formés par ces deux arcs avec 0001 on peut (comme pour la pyramide dihexagonale) calculer les deux angles en 0001, dont la somme est égale à 60°.

On a en effet :

$$\operatorname{cotg} 10\bar{1}0 = \frac{\sin \mathbf{a}'}{\sin \mathbf{a} \sin 60°} + \frac{1}{2 \sin 60°}.$$

On peut, en outre, calculer les arcs $0001\text{-}p$ et $0001\text{-}q$, ou les symboles des deux rhomboèdres p et q. On en déduit le symbole du scalénoèdre.

Si l'on donne un angle d'arêtes polaires, $5\bar{0}\bar{5}2\text{-}2\bar{1}\bar{3}1 = \mathbf{a}$ par exemple, et l'angle d'arêtes moyennes, la moitié du supplément de ce dernier est égale à l'arc $2\bar{1}\bar{3}1\text{-}1\bar{1}\bar{2}0$. Dans le triangle $2\bar{1}\bar{3}1\text{-}\bar{1}\bar{2}\bar{1}0\text{-}1\bar{1}\bar{2}0$, on connaît les trois côtés. On calcule alors l'angle en $\bar{1}\bar{2}10$ égal à l'arc $0001\text{-}5\bar{0}\bar{5}2$, qui détermine la longueur de l'axe principal du rhomboèdre p, c'est-à-dire son symbole. Dans le triangle $p\text{-}0001\text{-}2\bar{1}\bar{3}1$, on calcule l'angle en 0001 qui, étant égal à l'arc $10\bar{1}0\text{-}2\bar{1}\bar{3}0$, donne le symbole du prisme dihexagonal $\{2\bar{1}\bar{3}0\}$, d'une manière générale $\{hi\bar{k}0\}$. — Le symbole du scalénoèdre est, par conséquent, déterminé.

CALCUL DES ANGLES

Ce qui précède montre comment il est possible, inversement, de calculer les angles d'un scalénoèdre, connaissant son symbole. La méthode est d'ailleurs analogue à celle employée pour le calcul de la pyramide dihexagonale.

On a vu que les deux espèces d'arêtes du scalénoèdre sont tronquées par les deux rhomboèdres p et q, dont les symboles sont déduits de celui du scalénoèdre. On peut calculer les deux arcs $2\bar{1}\bar{3}1\text{-}p$ et $2\bar{1}\bar{3}1\text{-}q$, qui sont respectivement les demi-suppléments des angles des plus longues et des plus courtes arêtes.

L'angle des arêtes médianes, dont le demi-supplément est l'arc $21\overline{3}0$-$1\overline{1}\overline{2}0$, sera calculé au moyen du triangle $2\overline{1}31$-$1\overline{1}\overline{2}0$-$2\overline{1}\overline{3}0$, dans lequel l'angle en $11\overline{2}0$ et le côté $11\overline{2}0$-$2\overline{1}\overline{3}0$ sont déterminés par les indices du scalénoèdre.

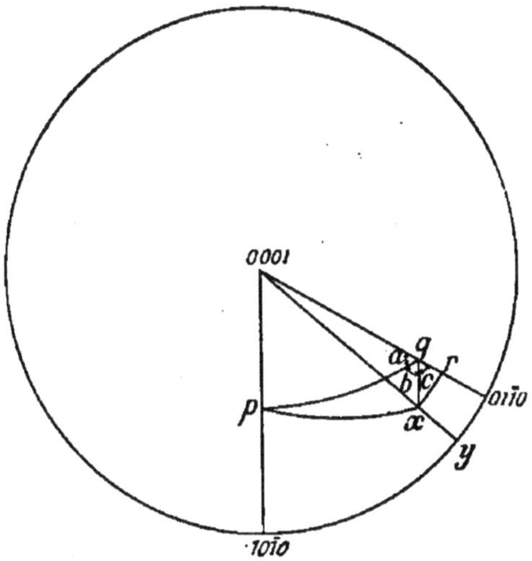

Fig. 49.

La position d'une facette quelconque x est déterminée lorsque l'on connaît son inclinaison sur deux facettes connues p et q (fig. 49). Si l'on a mesuré les angles faits par la facette x avec les deux faces p et q, les trois côtés du triangle sphérique pqx sont connus : les côtés xp et xq le sont au moyen des mesures d'angles faits par la facette x avec les deux facettes p et q ; le côté pq est déterminé par les symboles des rhomboèdres p et q, c'est-à-dire par les arcs 0001-p et 0001-q et l'angle compris égal à 60° ; dans le triangle 0001-p-q, on a préalablement calculé l'angle a. Le triangle pqx donne l'angle b et, par suite, $c = 180 - (a+b)$. Si l'on fait passer par x un cercle de zone perpendiculaire au diamètre $[0001$-$0\overline{1}\overline{1}0]$, on obtient un triangle sphérique xqr, rectangle en r, dans lequel on connaît qx et l'angle c ; on calcule les côtés qr et xr. L'arc qr fournit le symbole du rhomboèdre r tronquant les arêtes polaires du scalénoèdre *x*. Dans le triangle 0001-*x*-*r*, rectangle en *r*, on calcule l'angle en 0001 égal à l'arc de grand cercle 01$\bar{1}$0-*y* ; il est donc possible de calculer le symbole du prisme dihexagonal *y*. Le scalénoèdre *x* se trouvant au point de rencontre des deux zones connues [*x*-*r*] et [0001-*y*], son symbole est, par suite, déterminé.

APPLICATIONS

1° SPATH CALCAIRE

Le cristal est formé (*fig.* 50) du rhomboèdre primitif *a* et du rhomboèdre inverse *b*, dont on doit déterminer le symbole.

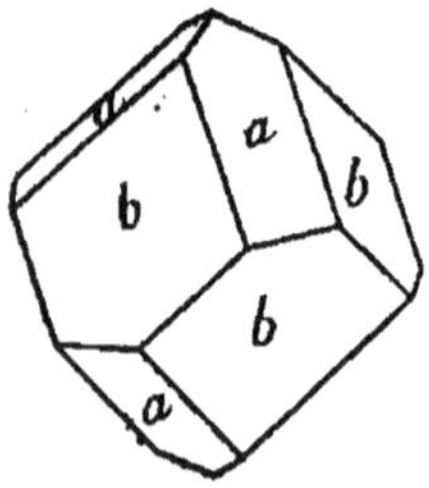

Fig. 50.

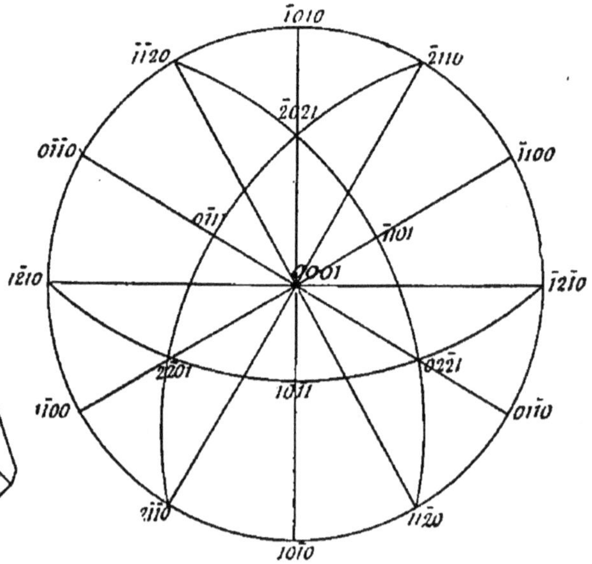

Fig. 51.

Le rhomboèdre primitif ayant un angle de 105° 5′, nous avons trouvé (p. 120) que la relation axiale était :

$$c = 0,8543.$$

Le rhomboèdre inverse possède un angle égal à 78° 51′ :

$$\sin \alpha' = \frac{\sin 50° 34′ 30″}{\sin 60°}$$

$$\log \sin 50° 34′ 30″ = \overline{1},8878741$$
$$- \log \sin 60° \quad = \underline{0,0624694}$$
$$\overline{1},9503435$$

$$\alpha' = 63° 7′ 10″$$
$$\mathbf{c}' = 63° 7′ 10″ \cos 30°$$
$$\log \operatorname{tg} 63° 7′ 100″ = 0,2950757$$
$$+ \log \cos 30° \quad = \underline{\overline{1},9375306}$$
$$0,2326063$$

$$\mathbf{c}' = 1.7084$$

$$\frac{1}{m} = \frac{h}{l} = \frac{\mathbf{c}'}{\mathbf{c}} = \frac{1,7084}{0,8543} = 1,999 \quad \text{ou} \quad 2;$$

donc $h = 2$, $l = 1$; le symbole du rhomboèdre inverse est $\{02\overline{2}1\}$.

2° SPATH CALCAIRE

Le cristal est constitué par un scalénoèdre et le rhom-

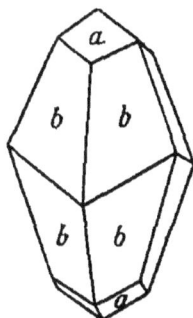

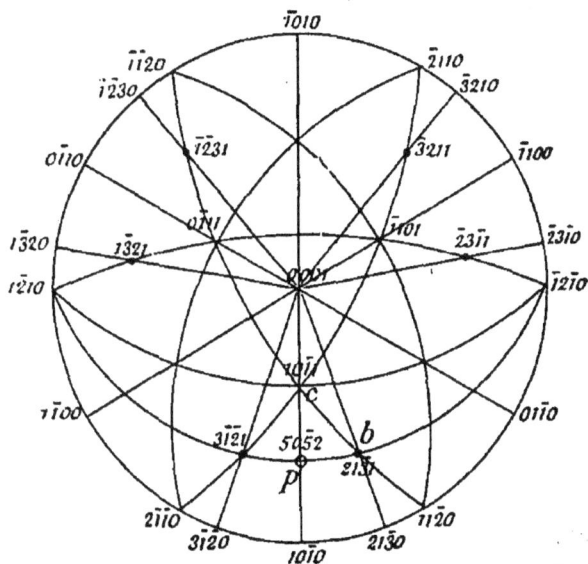

Fig. 52.   Fig. 53.

boèdre des arêtes moyennes (*fig. 52*).

L'angle du rhomboèdre étant comme ci-dessus de 105° 5′, la relation axiale est $c = 0,8543$.

L'angle des deux faces a, b est trouvé égal à 151°, par conséquent, l'arc $1011\text{-}b = 180 - 151 = 29°$.

Triangle $10\bar{1}1\text{-}10\bar{1}0\text{-}11\bar{2}0$ (*fig.* 53) :

$$\operatorname{tg} 10\bar{1}1 = \frac{\operatorname{tg} 10\bar{1}0\text{-}11\bar{2}0}{\sin 10\bar{1}0\text{-}10\bar{1}1} = \frac{\operatorname{tg} 30}{\sin 45° \, 33′ \, 30″}$$

$$\log \operatorname{tg} 30 = \bar{1},7614394$$
$$- \log \sin 45° \, 33′ \, 30″ = 0,1463239$$
$$\overline{\qquad\qquad}$$
$$\bar{1},9077633$$

angle en $10\bar{1}1 = 38° \, 57′ \, 40″$.

Triangle $10\bar{1}1\text{-}p\text{-}b$:

$$\operatorname{tg} 10\bar{1}1\text{-}p = \operatorname{tg} 10\bar{1}1\text{-}b \, \cos 10\bar{1}1 = \operatorname{tg} 29° \, \cos 38° \, 57′ \, 40″$$

$$\log \operatorname{tg} 29° = \bar{1},7437520$$
$$+ \log \operatorname{tg} \cos 38° \, 57′ \, 40″ = \bar{1},8907411$$
$$\overline{\qquad\qquad}$$
$$\bar{1},6344931$$

$$10\bar{1}1\text{-}p = 23° \, 19′.$$

CALCUL DU SYMBOLE DU RHOMBOÈDRE p

$$0001\text{-}p = 0001\text{-}10\bar{1}1 + 10\bar{1}1\text{-}p = 67° \, 55′ \, 30″$$
$$c' = \operatorname{tg} 67° \, 55′ \, 30″ \, \cos 30$$
$$\log \operatorname{tg} 67° \, 55′ \, 30″ = 0,3919559$$
$$+ \log \cos 30° = \bar{1},9375306$$
$$\overline{\qquad\qquad}$$
$$0,3394865$$

$$c' = 2,1852$$
$$\frac{h}{l} = \frac{c'}{c} = \frac{2,1852}{0,8543} = 2,55 \text{ ou } \frac{5}{2};$$

donc $h = 5$, $l = 2$; le symbole de p est $\{50\bar{5}2\}$.

Triangle $10\overline{1}1\text{-}p\text{-}b$:

$$\sin p\text{-}b = \sin 10\overline{1}1\text{-}b \; \sin 10\overline{1}1 = \sin 29° \; \sin 38° \, 57' \, 40''$$

$$\log \sin 29° \qquad = \overline{1},6855712$$
$$+ \; \log \sin 38° \, 57' \, 40'' = \overline{1},7985075$$
$$= \overline{1},4840787$$
$$p\text{-}b = 17° \, 45'.$$

Triangle $0001\text{-}p\text{-}b$:

$$\operatorname{tg} 0001 = \frac{\operatorname{tg} p\text{-}b}{\sin 0001\text{-}p} = \frac{\operatorname{tg} 17° \, 45'}{\sin 67° \, 55' \, 30''}$$

$$\log \operatorname{tg} 17° \, 45' \qquad = \overline{1}.5052891$$
$$- \; \log \sin 37° \, 55' \, 30'' = 0,0330642$$
$$\overline{1},5383533$$

angle en $0001 = 19° \, 3' \, 20''$.

CALCUL DU SYMBOLE DU PRISME DIHEXAGONAL

$$\frac{h}{k} = \frac{\operatorname{cotg} 19° \, 3' \, 20'' \; \operatorname{cotg} 30° - 1}{\operatorname{cotg} 19° \, 3' \, 20'' \; \operatorname{cotg} 30° + 1}$$

$$\log \operatorname{cotg} 19° \, 3' \, 20'' = 0,4616619$$
$$+ \; \log \operatorname{cotg} 30° \qquad = 0,2385606$$
$$0,7002225$$

Nombre correspondant $= 5,0145$.

$$\frac{h}{k} = \frac{4,0145}{6,0145} \qquad \text{ou} \qquad \frac{4}{6} = \frac{2}{3},$$

donc $h = 2$ et $k = 3$. Le symbole du prisme dihexagonal est $\{21\overline{3}0\}$.

Le scalénoèdre, se trouvant à la remonte des deux zones $[5052\text{-}\overline{1}2\overline{1}0]$ et $[0001\text{-}21\overline{3}0]$, a pour symbole $\times$ $\{21\overline{3}1\}$.

3° QUARTZ

Le cristal se compose (*fig.* 54) d'un protoprisme hexagonal a, d'une protopyramide b dont les pôles sont obtenus en

portant un arc 10$\bar{1}$0-10$\bar{1}$1 égal à 38°,13′, supplément de l'angle
des deux facettes a et b, et enfin de six couples de facettes
qu'il s'agit de déterminer.

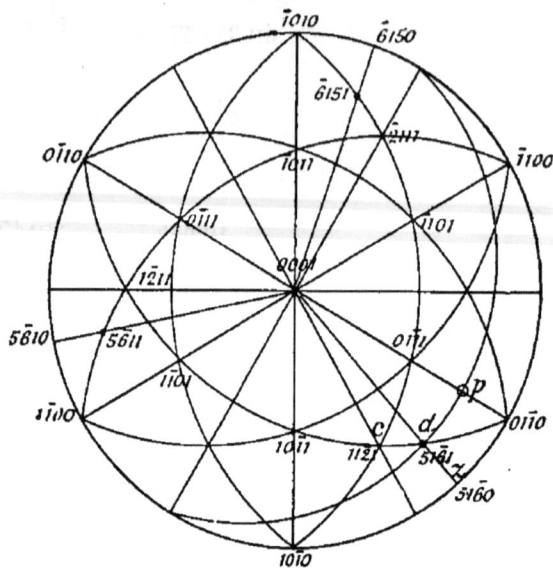

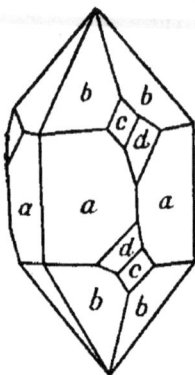

Fig. 54.   Fig. 55.

Nous avons trouvé (p. 109) pour valeur de la relation
axiale du quartz :

$$c = 1,0999$$

La facette c fait avec les facettes b de la protopyramide
des angles de 151°, et est en zone avec les deux faces a et b.
Son pôle se trouve au point de rencontre des deux grands
cercles [01$\bar{1}$0-10$\bar{1}$1] et [10$\bar{1}$0-01$\bar{1}$1] (*fig.* 55). Son symbole, donné
par le schéma des zones, est (11$\bar{2}$1). Comme il existe six
facettes c, non parallèles entre elles, cette forme est une pyramide trigonale $\pi\tau$ {11$\bar{2}$1}.

La facette d, en zone avec les trois facettes b, c et a, aura
son pôle en un point d situé sur le grand cercle [10$\bar{1}$1-01$\bar{1}$0]
et tel que 11$\bar{2}$1-d est égal à 12°, supplément de l'angle des
facettes c et d. La symétrie fournit les autres facettes d, qui
constituent un trapézoèdre trigonal, dont le symbole reste à
déterminer.

En joignant 0001-d, on obtient un prisme dihexagonal z, dont nous allons calculer le symbole.

Triangle 01$\bar{1}$0-10$\bar{1}$1-0001. — On calcule l'angle en 01$\bar{1}$0.

$$\mathrm{tg}\,\frac{10\bar{1}1 + 0\bar{1}10}{2} = \frac{\mathrm{cotg}\,0001}{2}\,\frac{\cos\dfrac{0001\text{-}01\bar{1}0 - 0001\text{-}10\bar{1}1}{2}}{\cos\dfrac{0001\text{-}01\bar{1}0 + 0001\text{-}10\bar{1}1}{2}}$$

ou

$$\mathrm{tg}\,\frac{10\bar{1}1 + 0\bar{1}10}{2} = \mathrm{cotg}\,30\,\frac{\cos 19°\,6'\,30''}{\cos 70°\,53'\,20''}\,;$$

de même

$$\mathrm{tg}\,\frac{10\bar{1}1 - 0\bar{1}10}{2} = \mathrm{cotg}\,30\,\frac{\sin 19°\,6'\,30''}{\sin 70°\,53'\,30''}$$

$$\log \mathrm{cotg}\,30° \quad = 0{,}2385606$$
$$+ \log \cos 19°\,6'\,30'' = \bar{1}{,}9753865$$
$$- \log \cos 70°\,53'\,30'' = 0{,}4849806$$
$$\overline{0{,}6989277}$$

$$\frac{10\bar{1}1 + 0\bar{1}10}{2} = 78°\,41'\,20''$$

$$\log \mathrm{cotg}\,30° \quad = 0{,}2385606$$
$$+ \log \sin 19°\,6'\,30'' = \bar{1}{,}5150194$$
$$- \log \sin 70°\,53'\,30'' = 0{,}0246135$$
$$\overline{\bar{1}{,}7781835}$$

$$\frac{10\bar{1}1 - 0\bar{1}10}{2} = 30°\,58'$$

d'où
$$01\bar{1}0 = 47°\,43'\,20''.$$

Triangle 0001-d-01$\bar{1}$0. — On calcule l'angle en 0001.

$$\mathrm{tg}\,\frac{d + 0001}{2} = \mathrm{cotg}\,23°\,51'\,40''\,\frac{\cos 39°}{\cos 51°}$$

$$\mathrm{tg}\,\frac{d - 0001}{2} = \mathrm{cotg}\,23°\,51'\,40''\,\frac{\sin 39°}{\sin 51°}$$

$$\log \mathrm{cotg}\,23°\,51'\,40'' = 0{,}3542563$$
$$+ \log \cos\ 39° \qquad = \bar{1}{,}8905026$$
$$- \log \cos\ 51° \qquad = 0{,}2011282$$
$$\overline{0{,}4458871}$$

$$\frac{d + 0001}{2} = 70° 17' 30''$$

$$\begin{aligned}
\log \cotg\ 23° 51'\ 40'' &= 0,3542563 \\
+ \log \sin\ \ 39° &= \overline{1},7988718 \\
- \log \sin\ \ 51° &= 0,1094974 \\
\hline
&\ \ 0,2626255
\end{aligned}$$

$$\frac{d - 0001}{2} = 61° 21' 20'';$$

donc l'angle en 0001 est égal à 8° 56' 10''.

CALCUL DU SYMBOLE DU PRISME DIHEXAGONAL

$$\frac{h}{k} = \frac{\cotg\ 8° 56'\ 10''\ \cotg\ 30° - 1}{\cotg\ 8° 56'\ 10''\ \cotg\ 30° + 1}$$

$$\begin{aligned}
\log \cotg\ 8° 56'\ 10'' &= 0,8034326 \\
+ \log \cotg\ 30° &= 0,2385606 \\
\hline
&\ \ 1,0419932
\end{aligned}$$

Nombre correspondant = 11,015.

Par conséquent $\dfrac{h}{k} = \dfrac{10,015}{12,015}$ ou $\dfrac{10}{12} = \dfrac{5}{6}$.

$h = 5$, $k = 6$, et le symbole du prisme dihexagonal est
$\{51\overline{6}0\}$.

Le trapézoèdre trigonal, se trouvant à la rencontre des deux
zones [10$\overline{1}$1-01$\overline{1}$0] et [0001-51$\overline{6}$0], a pour symbole $\{51\overline{6}1\}$, qui
s'écrirait :

En Weis : $a : \dfrac{6}{5}\, a : 6a : 6c$;

En Naumann : $6\ R\ \dfrac{6}{5}$;

En Miller : $\{4\overline{1}\overline{2}\}$;

En Lévy : $b^{\underset{1}{1}}\, d^{\underset{1}{1}}\, d^2$.

SYSTÈME TÉTRAGONAL

PRISMES ET PYRAMIDES DE PREMIER ET DE DEUXIÈME ORDRE

De même que dans le système hexagonal, on prend le plan de symétrie principale pour plan de projection.

Les prismes de premier et de deuxième ordre sont portés sur le cercle fondamental à des distances respectives de 90 et 45°. Le pôle de la base est au centre du cercle (*fig.* 56). Les diamètres aboutissant aux pôles des prismes de

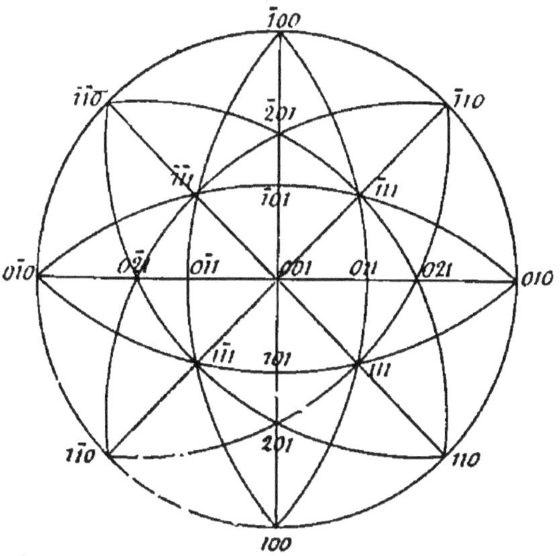

Fig. 56.

premier et de deuxième ordre contiennent les pôles des pyramides correspondantes. Il suffit donc de connaître l'inclinaison d'une facette de pyramide sur l'axe vertical pour avoir sa projection. Cette inclinaison, ou l'arc 001.111 $= \alpha$, est égale à la moitié de l'angle des arêtes de base de la protopyramide. Il suffira de mesurer cet angle pour obtenir immédiatement les pôles de la protopyramide {111}.

Le cercle de zone [111-1$\bar{1}$1], qui contient aussi les pôles de deux facettes opposées du protoprisme, rencontre le diamètre. [001-100] en un point (101), pôle de la deutopyramide qui tronque les arêtes polaires de la protopyramide.

Si l'on a mesuré l'angle des arêtes de base de la pyramide de premier ordre, c'est-à-dire si l'on connaît l'arc 010-111 = α, le triangle sphérique 001-101-111 permet de calculer le demi-supplément de l'angle des arêtes polaires ou l'arc 101-111 = β :

$$\sin \beta = \sin \alpha \sin 45°.$$

Réciproquement, pour calculer l'angle des arêtes polaires en fonction de l'angle des arêtes de base, on se servira de la formule :

$$\sin \alpha = \frac{\sin \beta}{\sin 45°}.$$

CALCUL DE LA RELATION AXIALE

Le même triangle rectangle 001-101-111 donne, en appelant γ l'arc 001-101,

(1) $$\operatorname{tg} \gamma = \operatorname{tg} \alpha \cos 45°$$

(2) $$\sin \gamma = \frac{\operatorname{tg} \beta}{\operatorname{tg} 45°} = \operatorname{tg} \beta$$

Or la figure 57 montre que, OD étant perpendiculaire sur AC, ligne de plus grande pente de la deutopyramide {101} :

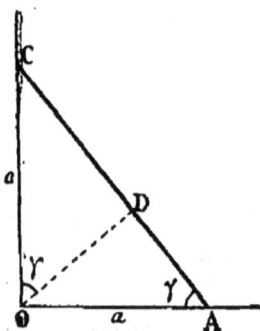

Fig. 57.

$$\frac{c}{a} \text{ ou } c = \operatorname{tg} \gamma.$$

On aura donc la valeur de c au moyen des équations (1) ou (2), en fonction de l'angle des arêtes de base, ou bien de l'angle des arêtes polaires de la protopyramide.

EXEMPLE : **Anatase.**

Angle des arêtes de base = 136° 36' ; α = 68° 18'
Angle des arêtes polaires = 97° 51' ; β = 41° 4' 30"

1° *En partant de* α :

$$c = \text{tg } \alpha \cos 45° = \text{tg } 68° \, 18' \cos 45°$$
$$\log \text{ tg } 68° \, 18' = 0{,}4001733$$
$$+ \log \cos 45° \quad = \overline{1}{,}8494850$$
$$\overline{ \quad 0{,}2496583}$$
$$c = 1{,}7769.$$

2° *En partant de* β :

$$\sin \gamma = \text{tg } \beta = \text{tg } 41° \, 4' \, 30''$$
$$\log \text{ tg } 41° \, 4' \, 30'' = \overline{1}{,}9403110$$
$$\gamma = 60° \, 38' \, 40''$$
$$\log c = \log \text{ tg } \gamma = 0{,}2499165$$
$$c = 1{,}7789.$$

Le cercle de zone [1$\overline{1}$0-111] rencontre le diamètre [001-100 en un point (201), l'un des pôles de la deutopyramide ayant un axe principal double de la deutopyramide {101}. Le cercle de zone [201-010] donne, par son intersection avec le diamètre [001-110], la protopyramide {221}, qui, elle-même, donnerait la deutopyramide {301}, et ainsi de suite.

PRISME DITÉTRAGONAL {hk0}

La position des pôles du prisme ditétragonal sur le cercle fondamental est déterminée par la valeur de l'angle A (*fig.* 58) que fait un axe secondaire avec la centronormale à une facette du prisme.

Or

$$\text{cotg } A = \frac{h}{k}.$$

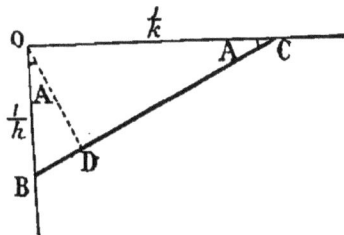

Fig. 58.

Prenant comme exemple le prisme ditétragonal {210}, on aura :

$$\text{cotg } A = 2$$
$$\log \text{cotg } A = 0{,}3010300$$
$$A = 26° \, 33' \, 50''$$

On portera donc des arcs égaux à 26° 33' 50" de chaque côté des axes secondaires.

L'angle A est le demi-supplément de l'angle correspondant aux axes secondaires ; celui correspondant aux axes transverses serait égal à $\frac{180 - A'}{2}$, l'angle A' étant égal à 45° — A.

Réciproquement, la connaissance d'un angle du prisme ditétragonal permettra de calculer le symbole de solide.

EXEMPLE : **Humboldtite.** — Le cristal est composé (*fig.* 59) d'un deutoprisme *a*, de la base *p*, et d'un prisme ditétragonal *b*.

L'angle *ab* mesuré au goniomètre est égal à 161° 30'.

Il en résulte que l'angle désigné par A a pour valeur
180 — 161° 30' = 18° 30'

$$\frac{h}{k} = \text{cotg } 18° 30'$$

log cotg 18° 30' = 0,4754801

$$\frac{h}{k} = 2,9887 \text{ ou } 3 ;$$

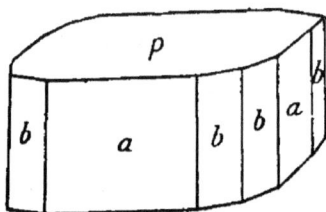

FIG. 59.

donc *h* = 3, *k* = 1. Le symbole du prisme ditétragonal est {310}.

Comme le cristal ne présente aucune forme pyramidale, il est impossible de calculer la relation axiale.

PYRAMIDE DITÉTRAGONALE {hkl}

Prenons comme exemple la pyramide ditétragonale {311}. Le pôle de la facette (311) se trouve à la rencontre des deux cercles de zone [001-310] et [100-011]. Les autres pôles s'obtiendront par symétrie.

Considérons trois facettes voisines de la pyramide ditétragonale, par exemple (131), (311) et (3$\overline{1}$1), et menons les deux cercles de zone [131-311] et [311-3$\overline{1}$1] ; le premier rencontre le diamètre [001-110] en un point *p*, pôle de la protopyramide tronquant les arêtes polaires aboutissant aux extrémités des axes transverses. Le second cercle de zone rencontre le diamètre [001-100] en un point q, pôle de la deutopyramide tronquant les arêtes polaires aboutissant aux extrémités des axes secondaires. Le schéma des zones indique que le symbole de p est (221), et que le symbole de q est (301).

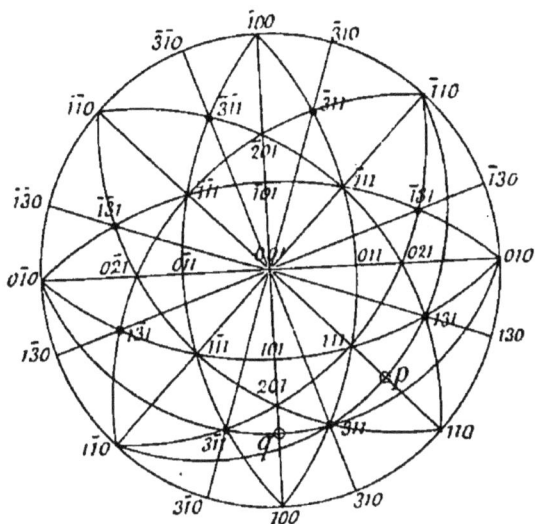

Fig. 60.

On voit donc que, de même que pour le système hexagonal :

Connaissant le symbole d'une pyramide ditétragonale, il est facile d'en déduire les symboles des deux pyramides p et q, qui tronquent les deux espèces d'arêtes polaires de la pyramide ditétragonale ; nous porterons donc sur la projection les pôles des deux pyramides p et q et du prisme ditétragonal correspondant à la pyramide ditétragonale donnée. Nous tracerons ensuite les différents cercles de zone. Les pôles de la pyramide ditétragonale se trouveront aux points de rencontre des cercles de zone des deux pyramides p et q, ou aux points de rencontre des cercles de zone de l'une d'entre elles et des cercles de zone du prisme ditétragonal.

CALCUL DES ANGLES

L'arc 100-310, que l'on sait calculer, est égal à l'angle en 001 du triangle rectangle 001-q-311. Sa différence avec 45° est égale à l'angle en 001 du triangle 001-p-311. On sait aussi calculer les arcs 001-q et 001-p. Dans ces deux triangles on calculera les arcs 311-q, 311-p et 001-311. Les deux premiers sont les demi-suppléments des angles des arêtes polaires ; le troisième est le demi-angle des arêtes de base de la pyramide ditétragonale.

CALCUL DES INDICES ET DE LA RELATION AXIALE

1° On donne les deux angles d'arêtes polaires. — On connaît évidemment les deux arcs p-311 et q-311. Chacun d'eux forme avec 001 deux triangles rectangles en p et en q, dont l'hypoténuse commune est 001-311.

En appelant A et A' les angles en 001, opposés aux côtés 311-q = **a** et 311-p = **a**', il vient

$$\frac{\sin A'}{\sin A} = \frac{\sin \mathbf{a}'}{\sin \mathbf{a}}.$$

Mais

$$A' = 45 - A,$$

donc

$$\operatorname{cotg} A = \frac{\sin \mathbf{a}}{\sin \mathbf{a}' \sin 45} + 1.$$

La valeur de A est égale à l'arc 100-310, — d'une manière générale 100-hk0. — On calculera cotg A, c'est-à-dire le rapport $\frac{h}{k}$.

Le triangle 001-q-311 donne

$$\sin 001\text{-}q = \frac{\operatorname{tg} q\text{-}311}{\operatorname{tg} A}.$$

Le tangente de l'arc 001-q est égale à la longueur **c**' de l'axe principal de la deutopyramide q. Cette longueur, divisée par **c**, relation axiale de la substance, fournit le rapport $\frac{h}{l}$. Connaissant $\frac{h}{k}$ et $\frac{h}{l}$, on en déduit immédiatement le symbole {hkl} de la pyramide ditétragonale.

2° **On donne un angle d'arêtes polaires et l'angle d'arêtes de base.** — On connaît les arcs q-311 et 001-311. Dans le triangle rectangle 001-q-311, on calcule l'angle en 001, qui a été désigné par A. Cet angle détermine le rapport $\dfrac{h}{k}$. Le même triangle rectangle donne l'arc 001-q, déterminant le rapport $\dfrac{h}{l}$.

Ainsi que nous l'avons vu à propos du système hexagonal, au cas où le cristal serait formé d'une pyramide ditétragonale seule, on ferait $l = 1$, et l'on aurait pour valeur de la relation axiale

$$c = \frac{c'}{k},$$

c' étant la longueur de l'axe principal de la deutopyramide q.

APPLICATIONS

1° HAUSSMANNITE

Le cristal est composé de deux protopyramides (*fig.* 61).

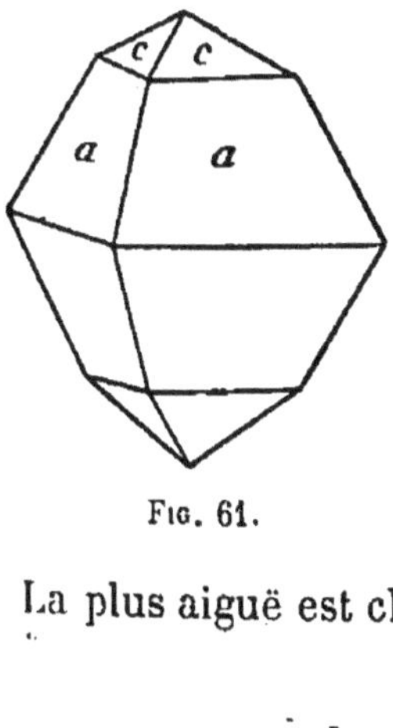

Fig. 61. 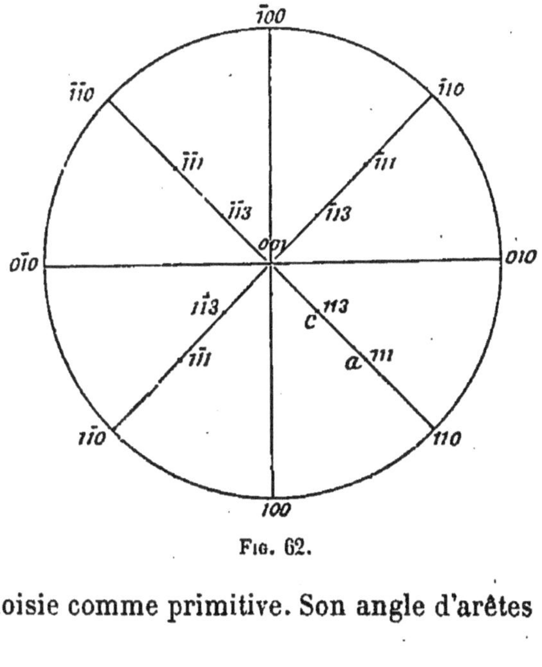   Fig. 62.

La plus aiguë est choisie comme primitive. Son angle d'arêtes de base étant égal à 117° 59', on portera sur 001-110 un arc égal à $\dfrac{180 - 117° 59'}{2} = 58° 59' 30''$ *(fig.* 62).

En prenant 111-*c* = 180 — 150 = 30°(l'angle des deux faces *a* et *c* étant de 150°), on obtiendrait les pôles de la seconde pyramide.

CALCUL DE LA RELATION AXIALE

$$\mathbf{c} = tg\,\gamma = tg\,\alpha\,\cos 45 = tg\,58° 59'\,\cos 45°$$
$$\log\,tg\,58° 59' = 0,2210832$$
$$+\,\log\,\cos 45° = \overline{1},8494850$$
$$\overline{\,0,0705682\,}$$
$$\mathbf{c} = 1,1764.$$

CALCUL DU SYMBOLE DE LA SECONDE PYRAMIDE

L'arc 001-*c* = 001-111 — 111-*c* = 58° 59' 30''—30° = 28°59°30''. La longueur de l'axe principal de la pyramide sera :

$$\mathbf{c}' = tg\,28° 59' 30''\,\cos 45°$$
$$\log\,tg\,28° 59' 30'' = \overline{1},7436030$$
$$+\,\log\,\cos 45° = \overline{1},8494850$$
$$\overline{\,\overline{1},5930880\,}$$
$$\mathbf{c}' = 0,3918$$
$$\frac{h}{l} = m = \frac{\mathbf{c}'}{\mathbf{c}} = \frac{0,3918}{1,1764} = 0,3350 \quad \text{ou} \quad \frac{1}{3},$$

donc $h = 1$, $l = 3$. Le symbole de la pyramide dérivée est {113} en Miller, ou en Weiss $\mathbf{a} : \mathbf{a} : \dfrac{1}{3}\,\mathbf{c}$.

2° ZIRCON

Le cristal se compose *(fig.* 63) d'un deutoprisme *a.a.*, dont on aura immédiatement les pôles en (100), (010), etc., d'une protopyramide *c. c...* et d'une pyramide ditétragonale *b. b.*

L'angle de deux faces c (par-dessus le sommet) étant égal à 95° 40', on prendra un arc 001-111 $= \dfrac{180 - 95° 40'}{2} = 42° 10'$ (*fig.* 64). Les facettes de la pyramide ditétragonale sont en

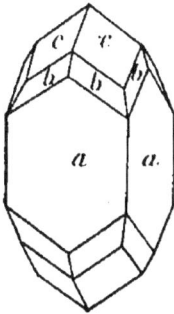

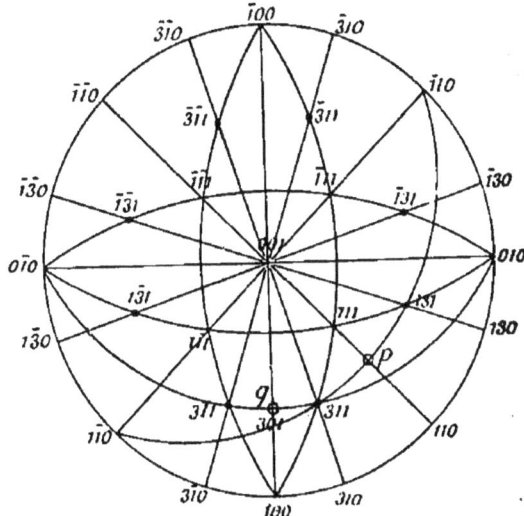

Fig. 63.   Fig. 64.

zone avec celles du deutoprisme et celles de la protopyramide ; on tracera les différents cercles de zone, et on prendra un arc 100-b égal au supplément de l'angle des facettes a et b, ou 180 — 148° 17' $=$ 31° 43'.

CALCUL DE LA RELATION AXIALE

$$c = \operatorname{tg} \gamma = \operatorname{tg} x \cos 45° = \operatorname{tg} 42° 10' \cos 45°$$
$$\log \operatorname{tg} 42° 10' = \overline{1},9569772$$
$$+ \log \cos 45° = \overline{1},8494850$$
$$\overline{1},8064622$$
$$c = 0,6404.$$

CALCUL DE LA PYRAMIDE DITÉTRAGONALE

La facette b se trouvant dans une zone connue [100-111], une seule mesure d'angle, l'arc 100-b suffit pour fixer son symbole.

Les deux espèces d'arêtes polaires de la pyramide ditétragonale sont tronquées par les deux pyramides p et q. Dans
le triangle 001-111-100, où l'on connaît 001-100 = 90°,
001-111 = 42° 10′ et l'angle en 001 égal à 45°, on calcule
l'angle en 100.

Dans le triangle rectangle 100-q-b, on calcule l'arc q-100,
qui, par différence avec 90°, donne l'arc 001-q, c'est-à-dire
le symbole de la deutopyramide q. Dans le même triangle
on calcule le côté q-b, qui permet de calculer l'angle en 001
du triangle 001-q-b. Cet angle en 001 donne le symbole du
prisme ditétragonal correspondant à la pyramide ditétragonale donnée.

Triangle 001-111-100. — On calcule l'angle en 100 :

$$\operatorname{tg}\frac{111+100}{2} = \operatorname{cotg}\frac{001}{2}\,\frac{\cos\dfrac{001\text{-}100-001.111}{2}}{\cos\dfrac{001\text{-}100+001.111}{2}},$$

ou

$$\operatorname{tg}\frac{111+100}{2} = \operatorname{cotg}22°\,30′\,\frac{\cos 23°\,55′}{\cos 66°\,5′};$$

de même

$$\operatorname{tg}\frac{111-100}{2} = \operatorname{cotg}22°\,30′\,\frac{\sin 23°\,55′}{\sin 66°\,5′},$$

$$\log \operatorname{cotg}22°\,30′ = 0,3827757$$
$$+ \log \cos 23°\,55′ = \overline{1},9610108$$
$$- \log \cos 66°\,5′ = 0,3921082$$
$$\overline{0,7358947}$$

$$\frac{111+100}{2} = 79°\,35′\,30″$$

$$\log \operatorname{cotg}22°\,30′ = 0,3827757$$
$$+ \log \sin 23°\,55′ = \overline{1},6078918$$
$$- \log \sin 66°\,5′ = 0,0389892$$
$$\overline{0,0296567}$$

$$\frac{111-100}{2} = 46°\,57′\,20″.$$

Angle en 100 = 32° 38′ 10″.

Triangle 100-q-b. — On calcule le côté 100-q.

$$\text{tg } 100\text{-}q = \text{tg } 100\text{-}b \cos 100 = \text{tg } 31°\,43' \cos 32°\,38'\,10''\,.$$
$$\log \text{tg } 31°\,43' = \overline{1},7909987$$
$$+ \log \cos 32°\,38'\,10'' = \overline{1},9253702$$
$$\overline{\overline{1},7163689}$$

100-q = 27° 29' 40'',

d'où

001-q = 90° − 27° 29' 40'' = 62° 30' 20''.

CALCUL DE LA LONGUEUR DE L'AXE PRINCIPAL
DE LA DEUTOPYRAMIDE q

$$\mathbf{c'} = \text{tg } \alpha' = \text{tg } 62°\,30'\,20''$$
$$\log \text{tg } 62°\,30'\,20'' = 0,2836261$$
$$\mathbf{c'} = 1.9214$$
$$\frac{h}{l} = \frac{\mathbf{c'}}{\mathbf{c}} = \frac{1,9214}{0,6404} = 3,000.$$

$h = 3$ et $l = 1$ donnent {301} pour le symbole de la deuto-pyramide q.

Triangle 100-q-b. — On calcule le côté q-b.

$$\sin q\text{-}b = \sin 100\text{-}b \sin 100 = \sin 31°\,43' \sin 32°\,38'\,10''$$
$$\log \sin 31°\,43' = \overline{1},7207538$$
$$+ \log \sin 32°\,38'\,10'' = \overline{1},7318317$$
$$\overline{\overline{1},4525855}$$

q-b = 16° 28' 10''.

Triangle 001-q-b. — On calcule l'angle en 001 :

$$\text{tg } 001 = \frac{\text{tg } qb}{\sin\ 001\text{-}q} = \frac{\text{tg } 16°\,28'\,18''}{\sin 62°\,30'\,20''}.$$
$$\log \text{tg } 16°\,28'\,10'' = \overline{1},4707536$$
$$- \log \sin 62°\,30'\,20'' = 0,0520492$$
$$\overline{\overline{1},5228028}$$

Angle en 001 = 18° 26'.

CALCUL DU SYMBOLE DU PRISME DITÉTRAGONAL

$$\frac{h}{k} = \operatorname{cotg} 001 = \operatorname{cotg} 18° 26'$$

$$\log \operatorname{cotg} 18° 26' = 0,4771621$$

$$\frac{h}{k} = 3,0003 \quad \text{ou} \quad 3,$$

donc $h = 3$ et $k = 1$. Le symbole du prisme ditétragonal est {310}.

La facette b, se trouvant au point de rencontre des deux zones [301-010] et [001-310], aura pour symbole (311).

Le symbole de la pyramide ditétragonale est, par conséquent, {311} en Miller, ou **a** : 3a : 3c en Weiss.

SYSTÈME RHOMBIQUE

PRISMES, DÔMES ET PYRAMIDES

On choisit comme plan de projection le plan de la base (001),

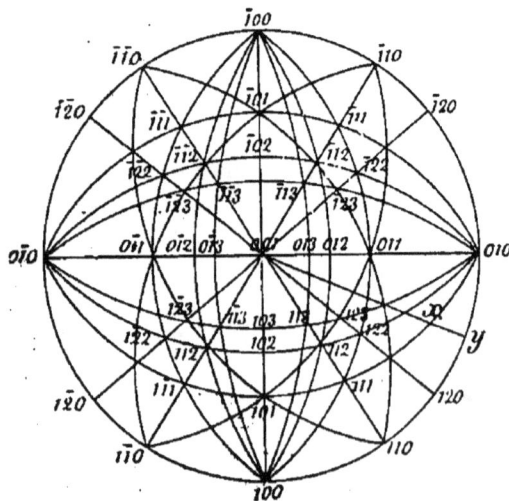

FIG. 65.

dont le pôle se trouve au centre du cercle (*fig.* 65). Les pôles de toutes les facettes prismatiques sont placés sur le cercle fondamental, et leur position est déterminée par leur distance à (100). Le prisme fondamental aura ses pôles en (110), ($\bar{1}$10), etc., de telle sorte que 100-110 soit le demi-supplément de l'angle obtus du prisme.

Les points (100) et ($\bar{1}$00), qui partagent en deux parties égales l'angle obtus du prisme, sont les pôles de la makropinakoïde; les pôles de la brachypinakoïde sont en (010) et (0$\bar{1}$0).

Les diamètres [001-110], [001-$\bar{1}$10], etc., contiennent les pôles des facettes de toutes les pyramides dont les deux premiers indices sont égaux à 1, ou pyramides de la série verticale ou protopyramides. Ils contiennent, en particulier, les pôles de la pyramide fondamentale {111}, dont la position est déterminée par l'arc 001-111 $= \alpha$ égal au demi-angle des arêtes de base.

Le makrodôme fondamental tronquant les arêtes polaires obtuses de la pyramide fondamentale a l'un de ses pôles au point de rencontre des deux cercles de zone [001-100] et [111-$\bar{1}$11], c'est-à-dire en (101). De même, un des pôles du brachydôme fondamental, tronquant les arêtes polaires aiguës, se trouve en (011), intersection des deux cercles de zone [111-$\bar{1}$11] et [001-010].

Les protopyramides {112}, {113}, par exemple, ont leur position déterminée par leur demi-angle d'arêtes de base. Les cercles de zone [112-1$\bar{1}$2] et [113-11$\bar{3}$] donnent les makrodômes correspondants (102) et (103). De même, les cercles de zone [$\bar{1}$12-112] et [1$\bar{1}$3-113] permettent d'obtenir les brachydômes {012} et {013}.

Le grand cercle de projection contenant les pôles des facettes de tous les prismes, les makroprismes ont leurs pôles situés entre (100) et (110), tandis que ceux des brachyprismes sont compris entre (010) et (110). Le brachyprisme {120}, par exemple, a encore sa position fixée par l'arc 100-120, demi-supplément de l'angle des arêtes obtuses.

Le diamètre [001-120] contient les pôles des facettes de toutes les brachypyramides ayant un axe vertical variable, mais dont les deux premiers indices sont respectivement égaux à 1 et à 2. La brachypyramide {123}, par exemple, se trouve à la rencontre de ce grand cercle [001-120] et de [113-010] ; la brachypyramide {122}, à l'intersection des deux cercles de zone [112-010] et [001-120] ; et ainsi de suite.

CALCUL DE LA RELATION AXIALE a : 1 : c

Comme il y a deux inconnues à calculer, une forme primitive rhombique n'est complètement déterminée que lorsque l'on connaît deux angles indépendants l'un de l'autre ;

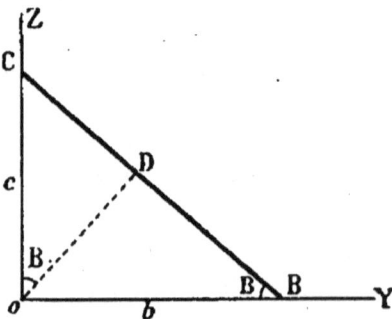

FIG. 66.

les deux angles du même prisme rhombique, par exemple, étant supplémentaires, ne pourront servir à calculer la relation axiale.

Le cas le plus simple est celui où l'on connaît les angles de deux formes prismatiques.

Si l'on possède la valeur de l'angle obtus du prisme, son demi-supplément 100-110 = A (*fig.* 66) fournit immédiatement la relation

$$a = \operatorname{tg} A,$$

puisque l'on suppose **b** = 1.

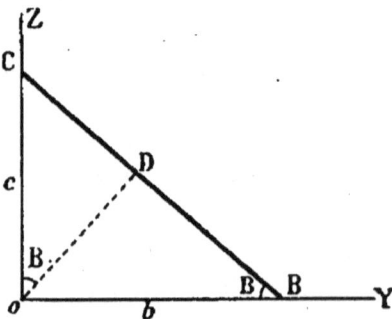

FIG. 67.

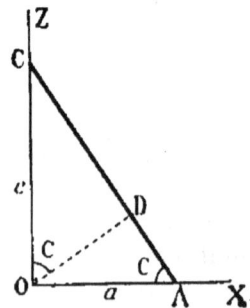

FIG. 68.

Si l'on connaît l'angle du brachydôme (*fig.* 67), son demi-supplément 001-011 donne :

$$c = \operatorname{tg} B.$$

Enfin, dans le cas où l'on aurait mesuré l'un ou l'autre des angles précédents, connaissant en même temps l'angle du makrodôme, son demi-supplément 001-101 = C fournit la formule :

$$c = a \operatorname{tg} C.$$

Si, au lieu de formes prismatiques, il s'agissait d'une pyramide rhombique, il serait encore possible, au moyen de deux angles, de calculer la relation axiale. On déduit en effet de ces angles les angles des formes prismatiques.

Supposons que l'on ait mesuré les deux angles d'arêtes polaires, dont les demi-suppléments sont 101-111 = P et 011-111 = Q. Ces deux arcs forment avec 001 deux triangles rectangles ayant l'hypoténuse commune 001-111 = R. L'angle en 001 du triangle 101-001-111 est l'angle du prisme, désigné précédemment par A. Ces deux triangles donnent :

$$\sin A = \frac{\sin P}{\sin R}$$

$$\sin (90 - A) = \cos A = \frac{\sin Q}{\sin R},$$

ou bien en divisant

$$\operatorname{tg} A = \frac{\sin P}{\sin Q}.$$

Ce triangle 001-111-011 donne aussi :

$$\sin B = \operatorname{tg} Q \operatorname{cotg} (90 - A) = \operatorname{tg} Q \operatorname{tg} A.$$

Mais

$$a = \operatorname{tg} A \quad \text{et} \quad c = \operatorname{tg} B \,;$$

on pourra donc calculer a et c en fonction de P et de Q.

Si l'on avait mesuré un angle d'arêtes polaires et l'angle des arêtes de base de la pyramide fondamentale, on connaîtrait P et R ou Q et R. Au moyen des équations précédentes, on calculerait alors les angles A et B ou A et C susceptibles de fournir des valeurs pour a et c.

Inversement, connaissant la relation axiale d'une pyramide rhombique, on est en mesure de calculer les angles A, B et C qui, à leur tour, donneront les valeurs de P, Q et R.

CALCUL DES SYMBOLES DES FORMES DÉRIVÉES

Quand un cristal rhombique présente deux ou plusieurs prismes, l'un d'eux est choisi comme fondamental. On calcule ensuite la longueur de la makrodiagonale pour chacun des autres prismes ; les rapports $\frac{a'}{a}$, $\frac{a''}{a}$ ..., fixent les valeurs du rapport $\frac{k}{h}$ pour chacune des autres formes.

La même remarque permet de calculer les symboles des makrodômes ou brachydômes autres que le makrodôme fondamental ou le brachydôme fondamental.

Si une pyramide dérivée appartient à deux zones connues, son symbole est immédiatement déterminé ; mais, si elle n'appartient à aucune zone, on calcule les longueurs de ses paramètres comme on l'a fait pour la pyramide primaire ; on divise alors les résultats obtenus par la relation axiale de la substance, et les quotients sont les indices de la pyramide dérivée.

Lorsque la pyramide qu'il s'agit de calculer est située dans une zone connue, il suffit d'une seule mesure d'angle.

Soit une facette pyramidale x (fig. 65) appartenant à la zone [111-010]. Supposons que l'on ait mesuré x-010 ou x-111. Dans le triangle 101-001-x on peut calculer l'angle en 001. En effet, la protopyramide {111} étant déterminée, on connaît les arcs 001-101 et 101-111. L'angle en 001 est égal à l'arc 100-y, dont la tangente est égale à a', longueur de l'axe antérieur du prisme y ; mais, comme $\frac{a'}{a} = \frac{k}{h}$, le symbole de ce prisme est connu.

La pyramide x appartenant aux deux zones [111-010] et [001-y] a son symbole déterminé.

Applications

1° ANGLÉSITE

Le cristal est formé du protoprisme, du brachydôme fondamental et de la makropinakoïde (*fig.* 69).

Angle du prisme $= 101° 14'$, donc $A = 39° 23'$.

$$a = tg\ 39° 23'$$
$$\log tg\ 39° 23' = \overline{1},9143020$$
$$a = 0,8209.$$

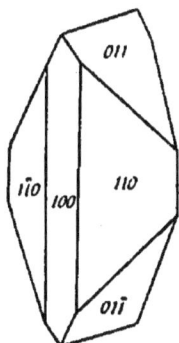

Fig. 69.

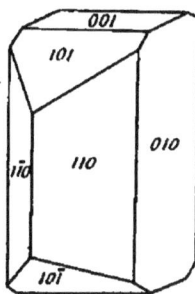

Fig. 70.

Angle du brachydôme $= 76° 22'$, donc $B = 51° 49'$.

$$c = tg\ 51° 49'$$
$$\log tg\ 51° 49' = 0,1043281$$
$$c = 1,2715.$$

La relation axiale est $a : 1 : c = 0,8209 : 1 : 1,2715.$

2° STAUROTIDE

Le cristal se compose du protoprisme, du makrodôme fondamental, de la brachypinakoïde et de la base (*fig.* 70).

On a trouvé $A = 25° 17'$ et $C = 55° 14'$.

$$a = tg\ 25° 17'$$
$$\log tg\ 25° 17' = \overline{1},6742566$$
$$a = 0,4723$$
$$c = a\ tg\ 55° 14'$$
$$\log a = \overline{1},6742566$$
$$+ \log tg\ 55° 14' = 0,1585431$$
$$\overline{\overline{1},8327997}$$
$$c = 0,6804$$

La relation paramétrale est $a : 1 : c = 0,4723 : 1 : 0,6804$.

3° LIÉVRITE

Le cristal se compose du protoprisme a, b, de la protopyramide e, g, du makrodôme fondamental f et d'un brachyprisme d, c. Le cristal est hémimorphe et contient aussi la base (*fig.* 71).

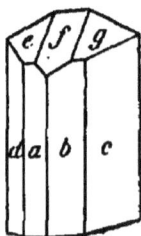

Fig. 71.

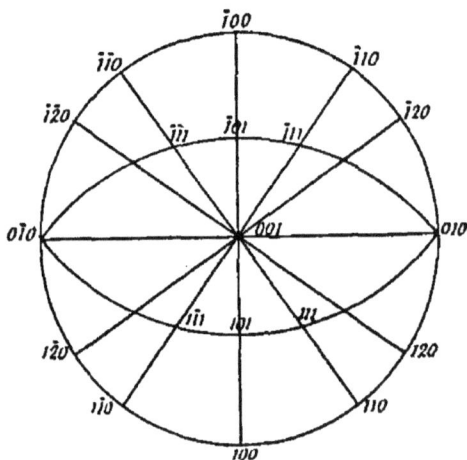

Fig. 72.

On a mesuré les angles :

$$a.\ b = 112° 38'$$
$$b.\ g = 128° 36'$$
$$d.\ c = \ \ 73° 45'$$

Angle du makrodôme $= 112° 49'$

La projection stéréographique (*fig.* 72) ne présente aucune difficulté.

CALCUL DE LA RELATION AXIALE

$$a = \operatorname{tg} A = \operatorname{tg} 33° 41'$$
$$\log \operatorname{tg} 33° 41' = 1,8237981$$
$$a = 0,6665$$
$$c = a \operatorname{tg} C = a \operatorname{tg} 33° 35' 30''$$
$$\log a = \overline{1},8237981$$
$$\log \operatorname{tg} 33° 35' 30'' = \overline{1},8222915$$
$$\overline{1},6460896$$
$$c = 0,4427.$$

La relation axiale est **a** : 1 : **c** = 0,6665 : 1 : 0,4427.

CALCUL DU SYMBOLE DU BRACHYPRISME

$$a' = \operatorname{tg} A' = \operatorname{tg} 53° 7' 30''$$
$$\log \operatorname{tg} 53° 7' 30'' = 0,1248582$$
$$a' = 1,3331$$
$$\frac{k}{h} = \frac{a'}{a} = \frac{1,3331}{0,6665} = 2.000 ;$$

par conséquent, $h = 1$, $k = 2$, et le symbole du brachyprisme est {120}.

4° SOUFRE

Le cristal comprend les formes suivantes : protopyramide fondamentale *d. e. g. h* ; pyramide dérivée *b, c, m, n* ; brachydôme fondamental *f. k* ; et base *a* (*fig.* 73).

On a mesuré les angles :

Angle des arêtes aiguës de la pyramide fondamentale 85° 7'

— *a, f*	—	—	117° 41'
— *a, c*	—	—	139° 47'

La facette c, en zone avec les facettes a et e, aura son pôle

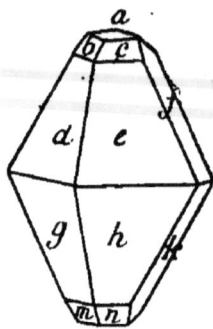

Fig. 73.

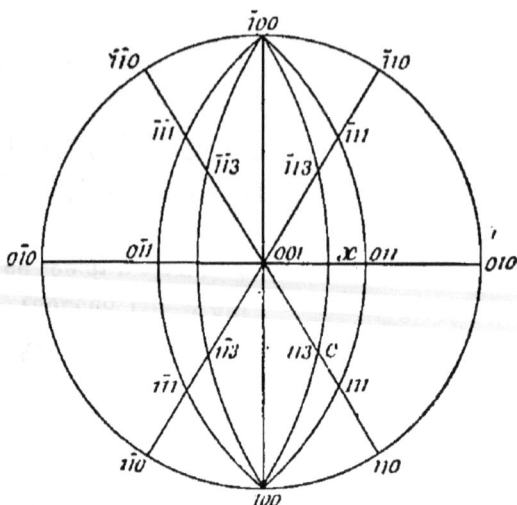

Fig. 74.

sur le diamètre [001-110] (*fig.* 74).

CALCUL DE LA RELATION AXIALE

Le triangle rectangle 001-001-111 donne :

$$\text{tg } 001 = \frac{\text{tg } 011\text{-}111}{\sin 001\text{-}111} = \frac{\text{tg } 47° 26' 30''}{\sin 62° 19'}$$

$$\log \text{tg } 47° 26' 30'' = 0,0370599$$
$$- \log \sin 62° 19' = 0,0527973$$
$$\overline{ 0,0898572}$$
$$001 = 50° 53' 10''.$$

L'angle A ou le côté 100-110 sera égal à 90° — 50° 53' 10''
ou 39° 6' 50'

$$\mathbf{a} = \text{tg A} = \text{tg } 39° 6' 50''$$
$$\log \text{tg } 39° 6' 50'' = \overline{1},9101336$$
$$\mathbf{a} = 0,8130$$
$$\mathbf{c} = \text{tg B} = \text{tg } 62° 19'$$
$$\log \text{tg } 62° 19' = 0,2801380$$
$$\mathbf{c} = 1,906$$

La relation axiale est $a : 1 : c = 0,8130 : 1 : 1.906$.

On aurait pu calculer la relation axiale de la pyramide primaire d'après la méthode générale.

En mesurant l'angle des arêtes polaires obtuses, égal à $106° 25'$, on a $P = 36° 47' 30''$.

L'angle des arêtes aiguës donne $Q = 47° 26' 30''$.

$$\operatorname{tg} A = \frac{\sin 36° 47' 30''}{\sin 47° 26' 30''}$$

$$\log \sin 36° 47' 30'' = \overline{1},7773595$$
$$- \log \sin 47° 26' 30'' = \underline{0,1327747}$$
$$\overline{1},9101342$$
$$a = \operatorname{tg} A = 0,8130$$
$$\sin B = \operatorname{tg} 47° 26' 30'' \operatorname{tg} A$$
$$\log \operatorname{tg} 47° 26' 30'' = 0,0370599$$
$$+ \log \operatorname{tg} A \quad\quad = \underline{\overline{1},9101342}$$
$$\overline{1},9471941$$
$$B = 62° 18' 50''$$
$$c = \operatorname{tg} B = \operatorname{tg} 62° 18' 50''$$
$$\log \operatorname{tg} 62° 18' 50'' = 0,2800868$$
$$c = 1,906$$

On trouve bien comme ci-dessus $a : 1 : c = 0,8130 : 1 : 1.906$.

CALCUL DE LA PYRAMIDE DÉRIVÉE

Cette pyramide, appartenant à la zone [001-110], a les deux premiers indices égaux à l'unité : c'est une pyramide de la série verticale. Il suffit de calculer la longueur de son axe vertical. Cette longueur c', divisée par c, trouvé ci-dessus, donne le rapport $\frac{h}{l}$.

On mène le cercle de zone 100-c qui rencontre [001-010] en un point x.

Le triangle rectangle 001-x-c donne :

$$\operatorname{tg} 001\text{-}x = \operatorname{tg} 001\text{-}c \cos 001 = \operatorname{tg} 45° 13' \cos 50°$$
$$\log \operatorname{tg} 45° 13' \quad = 0,0032846$$
$$+ \log \cos 50° 53 \ 10'' = \underline{\overline{1},7999357}$$
$$\overline{1},8032203$$

Mais l'arc 001-x est égal à B', angle du brachydôme x, dont la longueur de l'axe vertical **c**' est égale à tg B' ; donc

$$\log \mathbf{c}' = \log \operatorname{tg} \mathrm{B}' = \overline{1},803\,2203$$
$$\mathbf{c}' = 0,6356$$
$$\frac{\mathbf{c}'}{\mathbf{c}} = \frac{h}{l} = \frac{0,6356}{1,906} = 0,3334 \quad \text{ou} \quad \frac{1}{3},$$

donc

$$h = 1, \qquad l = 3.$$

La pyramide dérivée a pour symbole {113}, que l'on écrirait $\mathbf{a} : \mathbf{b} : \frac{1}{3} \mathbf{c}$ en Weiss, et $b^{\frac{3}{2}}$ en Lévy.

SYSTÈME MONOSYMÉTRIQUE

PRISMES, DÔMES ET HÉMIPYRAMIDES

Pour avoir la projection des formes du système monosymétrique, on peut choisir deux plans de projection.

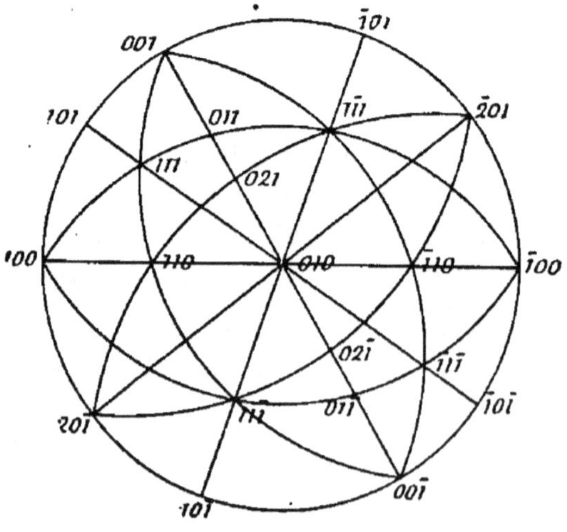

FIG. 75.

Si l'on prend le plan de symétrie, toutes les facettes per-

pendiculaires à ce plan se trouvent sur le cercle fondamental,
et l'on obtient immédiatement leurs pôles au moyen des
angles de ces facettes (*fig.* 75). Le pôle de la klinopinakoïde
(010) est situé au centre du cercle. Ce mode de projection
montre bien la symétrie du système; en effet, pour chaque
pôle, il existe une autre facette sur le même diamètre et à la
même distance de (010).

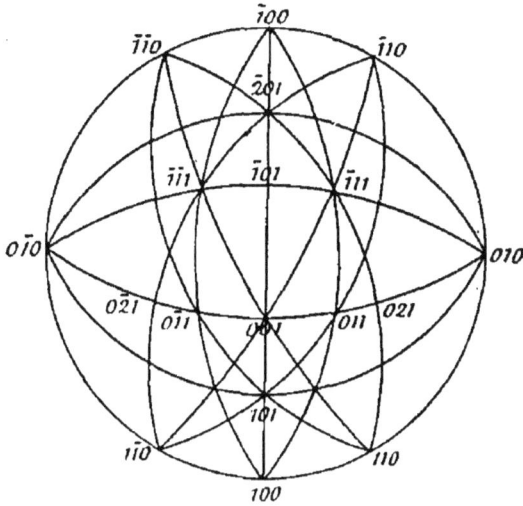

Fig. 76.

Le second mode de projection consiste à prendre comme
plan de projection un plan perpendiculaire à l'axe vertical.
La symétrie apparaît d'une façon moins nette, mais les calculs s'exécutent plus facilement. Dans ce cas le cercle fondamental contient les pôles de toutes les facettes prismatiques; ceux-ci sont donnés directement par leurs angles avec
(010) ou (100). Le pôle de la base n'est plus au centre du
cercle (*fig.* 76), mais sur le diamètre aboutissant à (100). Ce
diamètre contient aussi les pôles de toutes les facettes perpendiculaires au plan de symétrie; ces pôles sont donnés par
leurs angles avec (100) ou ($\overline{1}$00) ; parmi ces facettes nous
avons, en particulier, les hémiorthodômes primaires (101)
et ($\overline{1}$01).

Le cercle de zone [010-101-0$\overline{1}$0] contient les pôles des facettes de toutes les hémipyramides dont le premier et le troisième indices sont égaux. Parmi elles se trouve la proto-hémipyramide fondamentale {111}, qui appartient aussi au cercle de zone [110-001-$\overline{1}$10]. Sa projection est donc déterminée.

Le grand cercle [010-101-0^{10}] contient les pôles de tous les klinodômes ; en particulier (011) est donné par la zone [100-$\overline{1}$11-$\overline{1}$00] ; le klinodôme (021) est déterminé par la zone [110-$\overline{1}$11-$\overline{1}$10], et ainsi de suite. Les différents cercles de zone, par leurs intersections, fournissent donc les pôles des diverses formes du système monosymétrique.

CALCUL DE LA RELATION AXIALE a : 1 : c ET DE L'ANGLE β

Lorsqu'un cristal monosymétrique ne présente que le plan de symétrie, c'est-à-dire la klinopinakoïde et deux autres facettes perpendiculaires à ce plan, on ne peut calculer qu'un seul des éléments, l'angle β. Prenant l'une de ces facettes comme base (001), et l'autre comme orthopinakoïde (100), la valeur de β sera égale à l'angle de ces deux facettes, ou au supplément de l'arc 100-001.

Si le cristal présente une troisième facette en zone avec les deux premières, celle-ci sera considérée comme étant l'hémiorthodôme antérieur (101) ou l'hémiorthodôme postérieur ($\overline{1}$01). Dans ce cas il deviendra possible de calculer le rapport $\frac{c}{a}$.

1° *Les trois facettes perpendiculaires au plan de symétrie sont considérées comme appartenant à la base, à l'orthopinakoïde et à l'hémiorthodôme postérieur, respectivement représentés par les symboles* (001), (100), ($\overline{1}$01).

On a mesuré les angles β des deux facettes (001) et (100) et w' des deux facettes (101) et ($\overline{1}$00). Dans le triangle OBC les angles O et B sont égaux à β' et w suppléments de β et de w'. Ce triangle donne (*fig.* 77) :

$$(1) \qquad \frac{c}{a} = \frac{\sin\,[180 - (w + \beta')]}{\sin w} = \frac{\sin\,(w + \beta')}{\sin w}.$$

2° *On suppose que les trois facettes sont la base* (001), *l'ortho-pinakoïde* (100) *et l'hémiorthodôme antérieur* (101).

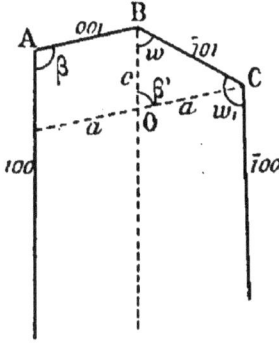

FIG. 77.

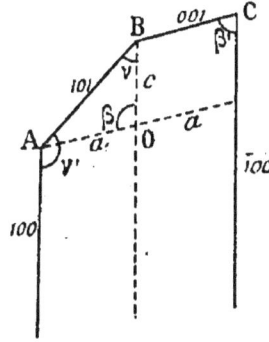

FIG. 78.

On a mesuré directement les angles β' et v', ce dernier étant l'angle des deux facettes (101) et (100).

Le triangle AOB donne (*fig.* 78) :

$$(2) \qquad \frac{c}{a} = \frac{\sin (v + \beta)}{\sin v} = \frac{\sin (\beta' - v)}{\sin v},$$

v étant le supplément de v'.

3° *Les trois facettes sont l'orthopinakoïde et les deux hémiortho-dômes antérieur et postérieur, c'est-à-dire* (100), (101) *et* ($\bar{1}$01).

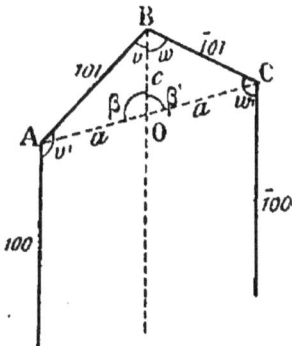

FIG. 79.

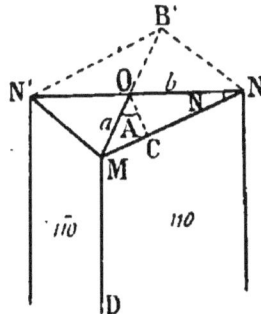

FIG. 80.

Nous n'avons pas l'angle β directement comme dans les deux premiers cas.

Égalant les deux valeurs de $\frac{c}{a}$ trouvées plus haut :

$$\frac{\sin(w+\beta')}{\sin w} = \frac{\sin(\beta'-v)}{\sin v}.$$

En résolvant cette équation par rapport à β' :

$$\operatorname{tg} \beta' = \frac{2\sin w \sin v}{\sin(w-v)};$$

on obtient les valeurs de $\frac{c}{a}$ et de β' ou $(180-\beta)$.

Dans les trois cas considérés ci-dessus le rapport du paramètre **b** aux deux paramètres **a** et **c** demeure inconnu. Pour le calculer, il faut que le cristal contienne une forme prismatique. Si l'on suppose que celle-ci est le protoprisme {110}, et si on la combine avec une autre facette choisie comme base, le triangle rectangle 100-110-001 donne l'arc 100-001, c'est-à-dire β', d'après la formule :

$$\cos \beta' = \frac{\cos 001\text{-}110}{\cos 100\text{-}110}.$$

Le même triangle donne pour l'angle A compris entre les deux côtés 100-001 et 110-001 :

$$\operatorname{tg} A = \frac{\operatorname{tg} 100\text{-}110}{\sin \beta'}.$$

Si l'on considère le sommet du cristal (*fig.* 80), on voit que l'angle plan N du triangle OMN est égal à l'angle déjà désigné par A. Ce triangle rectangle donne

$$\frac{a}{b} \text{ ou } a = \operatorname{tg} N = \operatorname{tg} A.$$

On peut donc calculer le paramètre **a**, et, comme nous savons calculer le rapport $\frac{c}{a}$, nous obtiendrons aisément le paramètre **c**.

Au cas où l'arête antérieure du prisme aurait été tronquée par (100), il aurait été préférable de mesurer directement 100-001 = β', parce qu'une erreur d'observation dans la mesure de l'angle 110-001 donne pour β une erreur d'autant plus grande que cet angle est lui-même plus grand.

On aurait pu considérer la forme prismatique comme le klinodôme (011), et la base comme l'orthopinakoïde (100). Dans le triangle rectangle 001-011-100, on connaît les côtés 001-011 et 100-011; on calcule le côté 001-100 = β', et l'angle en 100 dont la tangente est le rapport $\frac{c}{b}$ ou **c**.

Si le cristal présente la klinopinakoïde (010), le protoprisme (110) et l'hémipyramide antérieure (111), le triangle sphérique 010-111-110, dans lequel les trois côtés sont connus, permet de calculer les angles en 010 et en 110. Le supplément de ce dernier est l'angle en 110 du triangle rectangle 001-100-110, dans lequel on connaît aussi le côté 110-100. On calcule le côté 100-001 = β'. L'angle en 010, calculé plus haut, est égal à l'arc 100-101, qui donne avec β' le rapport $\frac{c}{a}$. Il est facile d'obtenir $\frac{a}{b}$ au moyen de l'angle du prisme et de β'.

Enfin, si un cristal monosymétrique présente les plans axiaux et l'hémipyramide antérieure, on connaît les trois côtés du triangle 010-100-111; on calcule les deux angles en 010 et 100. Le premier est égal à l'arc 100-101; il donnera avec β le rapport $\frac{c}{a}$. Le second, l'angle en 100, est égal à l'angle en C d'un triangle rectiligne OCB, rectangle en O, dans lequel les côtés OC et OB sont les deux paramètres **c** et **b**. La cotangente de l'angle C est égale au rapport $\frac{c}{b}$.

Applications

1° ORTHOSE

Le cristal est composé du protoprisme {110}, de la klinopinakoïde {010}, de la base {001}, et de l'hémiorthodôme postérieur {$\overline{1}01$} (*fig.* 81).

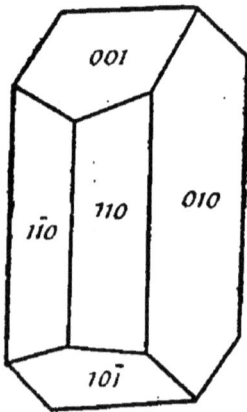

FIG. 81.

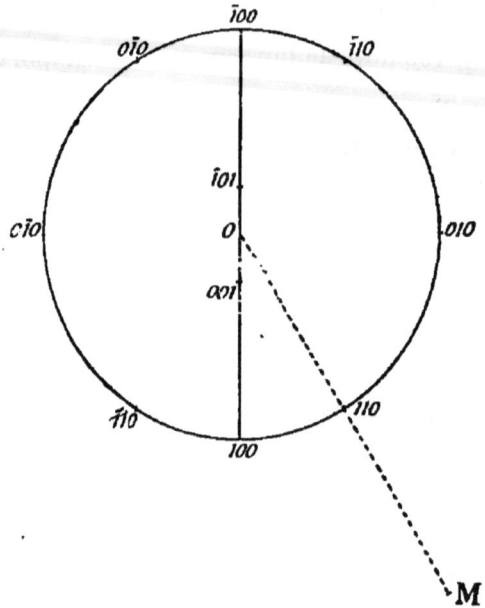

FIG. 82.

On a mesuré les angles :

$$110\text{-}1\overline{1}0 = 180° - 118° 48' = 61° 12'$$
$$110\text{-}001 = 180° - 112° 16' = 67° 44'$$
$$001\text{-}\overline{1}01 = 180° - 129° 40 = 50° 20'$$

La seule difficulté de la projection stéréographique consiste à trouver la position du pôle (001).

On joint O-110 ; on prend (*fig.* 82) :

$$OM = 0.110 \times \text{séc } 67° 44$$
$$\log \text{séc } 67° 44' = 0,4214550$$
$$\text{séc } 67° 44 = 2,639$$

Du point M comme centre avec un rayon égal à
0-110 $\times$ tg 67° 44, c'est-à-dire

$$\log 67° 44' = 0,3877987$$
$$\text{tg } 67° 44' = 2,442$$

on décrit un arc de cercle rencontrant 0-100 en un point
qui est le pôle de la base (001).

CALCUL DE LA RELATION AXIALE

$$\cos \beta' = \frac{\cos 67° 44'}{\cos 30° 36'}$$

$$\log \cos 67° 44' = \overline{1},5785450$$
$$- \log \cos 30° 36' = 0,0651270$$

$$\overline{1},6436720$$

$\beta' = 63° 52' 50''$,   d'où $\beta = 116° 7' 10''$

$$\frac{a}{b} \text{ ou } a = \text{tg } A = \frac{\text{tg } 30° 36'}{\sin 63° 52' 50''}$$

$$\log \text{tg } 30° 36' = \overline{1},7718801$$
$$- \log \sin 63° 52' 50'' = 0,0467826$$

$$\overline{1},8186627$$

$a = 0,6586$

$$\frac{c}{a} = \frac{\sin (w + \beta')}{\sin w} = \frac{\sin (65° 47' + 63° 53')}{\sin 65° 47'} = \frac{\sin 50° 20'}{\sin 65° 47'}$$

$$\log \sin 50° 20' = \overline{1},8863616$$
$$- \log \sin 65° 47' = 0,0400048$$

$$\overline{1},9263664$$

$\frac{c}{a} = 0,84405$,   d'où $c = 0,84405 \times 0,6586 = 0,5559$

La relation axiale est $a : 1 : c = 0,6586 : 1 : 0,5559$ avec
$\beta = 116° 7' 10''$.

2° HORNBLENDE

Le cristal est formé de l'orthopinakoïde {100}, du proto-prisme {110}, de la base {001}, de l'hémipyramide posté-rieure {$\overline{1}$11} et d'un klinodôme x (*fig.* 83).

On a mesuré les angles :

$$100\text{-}110 = 180° — 152° 6' = 27° 54'$$
$$100\text{-}001 = 180° — 104° 58' = 75° 2'$$
$$001\text{-}\overline{1}11 = 180° —145° 35' = 34° 25'$$
$$001\text{-}x = 180° — 150° 26' = 29° 34'.$$

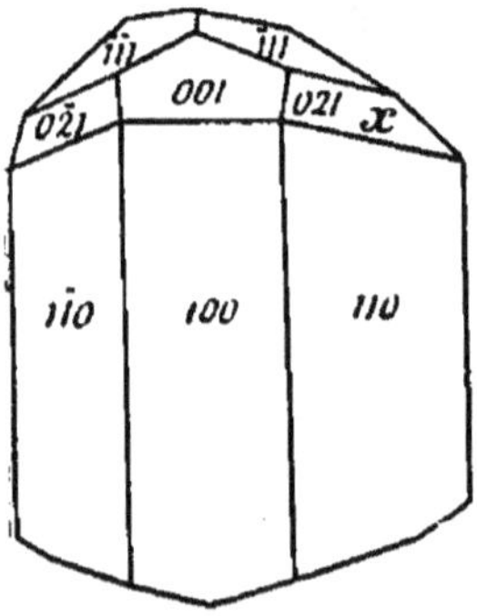

FIG. 83. 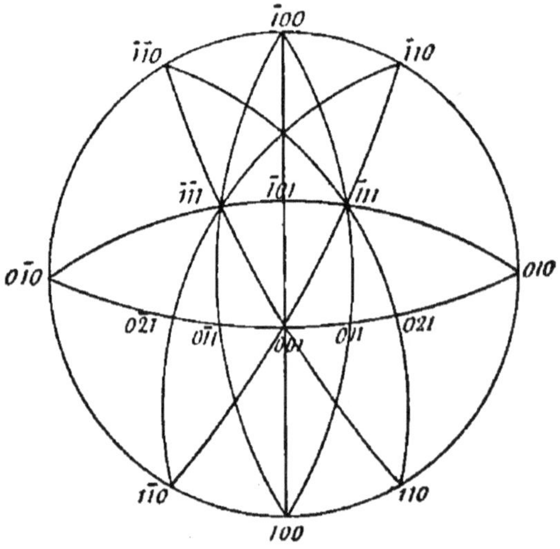   FIG. 84.

La projection stéréographique se fait sans difficulté.

Le klinodôme x (*fig.* 84) appartenant aux deux zones [110-$\overline{1}$10] et [001-010] a pour symbole {021}.

CALCUL DE LA RELATION AXIALE

La mesure de l'angle des deux facettes (100) et (001) donne immédiatement $\beta = 104°\ 58'$.

$$\frac{a}{b} \text{ ou } a = \text{tg } A = \frac{\text{tg } (100\text{-}110)}{\sin \beta'} = \text{tg } \frac{27°\ 54'}{\sin 75°\ 2'}$$

$$\log \text{tg } 27°\ 54' = \overline{1},7238436$$
$$- \log \sin 75°\ 2' = 0,0149886$$

$$\overline{1},7388322$$

$$a = 0,5480 \quad \text{et} \quad A = 28°\ 44'.$$

Le triangle rectangle $001\text{-}\overline{1}01\text{-}\overline{1}11$ donne :

$$\text{tg } 001\text{-}\overline{1}01 = \text{tg } 001\text{-}\overline{1}11 \cos 001 = \text{tg } 34°\ 25' \cos 28°\ 44'$$

$$\log \text{tg } 34°\ 25' = \overline{1},8357804$$
$$+ \log \cos 28°\ 44' = \overline{1},9429335$$

$$\overline{1},7787139$$

$$001\text{-}\overline{1}01 = 31°$$
$$w = 104°\ 58' - 31° = 73°\ 58'$$
$$\frac{c}{a} = \frac{\sin (w + \beta')}{\sin w} = \frac{\sin 31°}{\sin 73°58'}$$

$$\log \sin 31° = \overline{1},7118393$$
$$- \log \sin 73°\ 58' = 0,0172309$$

$$\overline{1},7290702$$

$$\frac{c}{a} = 0,5359 ; \quad c = 0,5480 \times 0,5359 = 0,2937.$$

La relation axiale est $a : 1 : c = 0,5480 : 1 : 0,2937$ avec $\beta = 104°\ 58'$.

3° GYPSE

Le cristal se compose des deux hémipyramides antérieure et postérieure $\{111\}$ et $\{\overline{1}11\}$, du protoprisme $\{110\}$ et de la klinopinakoïde $\{010\}$ (*fig.* 85).

On a mesuré les angles :

$$110\text{-}\overline{1}10 = 180° - 110°30' = 34°15'$$
$$010\text{-}111 = 180° - 108°10' = 71°50'$$
$$110\text{-}111 = 180° - 130°51' = 49°9'$$
$$111\text{-}\overline{1}11 = 180° - 143°42' = 36°18'$$

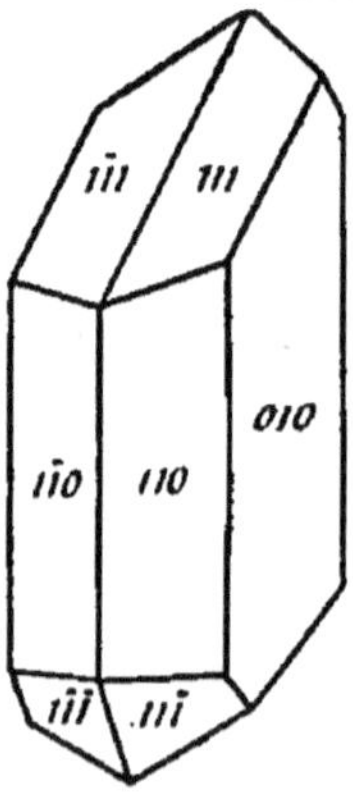

Fig. 85. 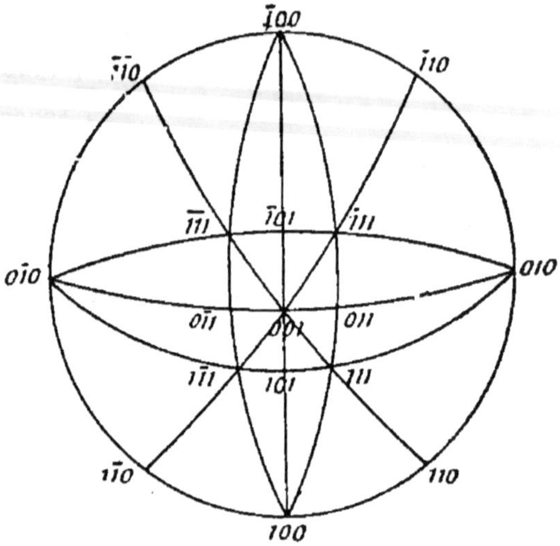   Fig. 86.

Pour obtenir le pôle (111), on a (*fig.* 86), d'après la construction générale décrite page 77, porté deux arcs 110-111 et 010-111 égaux respectivement à 49° 9' et 71° 50'.

CALCUL DE LA RELATION AXIALE

Dans le triangle 110-010-111 dont on connaît les trois côtés, on calcule l'angle en 111 d'après la formule

$$\sin \frac{A}{2} = \sqrt{\frac{\sin (p - \mathbf{b}) \sin (p - \mathbf{c})}{\sin \mathbf{b} \sin \mathbf{c}}}$$

$$\sin \frac{111}{2} = \sqrt{\frac{\sin 39°13' \sin 16°32'}{\sin 49°9' \sin 71°50'}}$$

$$\log \sin 39° 13' = \overline{1},8008921$$
$$+ \log \sin 16° 32' = \overline{1},4541939$$
$$- \log \sin 49° \ 9' = 0,1212344$$
$$- \log \sin 71° 50' = 0,0222062$$
$$\overline{\overline{1},3985266}$$
$$\log \sin \frac{111}{2} = \overline{1},6982633$$

$$\frac{111}{2} = 30° 1' 20'', \qquad 111 = 60° 3'.$$

Triangle rectangle 001-101-111. — On calcule :
1° L'angle en 001 :

$$\cos 001 = \cos 101\text{-}111 \sin 111 = \cos 18° 9' \sin 60° 3'$$
$$\log \cos 18° 9' = \overline{1},9778353$$
$$+ \log \sin 60° 3 = \overline{1},9377492$$
$$\overline{\overline{1},9155845}$$
$$001 = 34° 35' ;$$

2° Le côté 001-101 :

$$\sin 001\text{-}101 = \frac{\text{tg } 101\text{-}111}{\text{tg } 001} = \frac{\text{tg } 18° 9'}{\text{tg } 34° 35'}$$
$$\log \text{tg } 18° \ 9' = \overline{1},5156309$$
$$- \log \text{tg } 34° 35' = 1,1615133$$
$$\overline{\overline{1},6771442}$$
$$001\text{-}101 = 28° 33'.$$

Triangle rectangle 001-100-110. — On calcule le côté 101-001 ou β' :

$$\sin 001\text{-}100 = \frac{\text{tg } 100\text{-}110}{\text{tg } 001} = \frac{\text{tg } 34° 15'}{\text{tg } 34° 35'}$$
$$\log \text{tg } 34° 15' = \overline{1},8330679$$
$$- \log \text{tg } 34° 35' = 0,1615133$$
$$\overline{\overline{1},9945812}$$
$$001\text{-}100 = \beta' = 80° 58', \qquad \beta = 99° 2'.$$

A étant égal à 34° 35'

$$\frac{a}{b} \text{ ou } a = \text{tg } A = \text{tg } 34° 35'$$

$$\log \text{tg } 34° 35' = \overline{1},8384867$$
$$a = 0,6894$$
$$v = 80° 58' - 28° 33' = 52° 25'$$
$$\frac{c}{a} = \frac{\sin (\beta' - v)}{\sin v} = \frac{\sin 28° 33'}{\sin 52° 25'}$$
$$\log \sin 28° 33' = \overline{1},6771442$$
$$- \log \sin 52° 25' = 0,1018188$$
$$\overline{\overline{1},7784630}$$

$$\frac{c}{a} = 0,6000, \qquad c = 0,6000 \times 0,6894 = 0,4318.$$

Il en résulte pour la relation axiale $a : 1 : c = 0,6894 : 1 : 0,4318$ et $\beta = 99° 2'$.

SYSTÈME ASYMÉTRIQUE

HÉMIPRISMES, HÉMIDÔMES ET TÉTARTOPYRAMIDES

On adopte pour la projection stéréographique un plan perpendiculaire à l'axe vertical. Le cercle fondamental contient
les pôles de la makropinakoïde (100) et de la brachypinakoïde (010), ainsi que les pôles de tous les hémiprismes.
Ces pôles sont portés immédiatement sur le grand cercle
de projection au moyen des angles que les facettes font
entre elles.

Le cas le plus général se présente lorsque, sur un cristal
asymétrique, on considère trois facettes comme plans axiaux
(100), (010) et (001), et une quatrième facette comme tétarto-
pyramide supérieure droite (111). La position de (100) étant
prise arbitrairement sur le cercle de projection, l'angle de
(100) avec (010) fixe la position de cette dernière facette

(*fig.* 87). La construction connue donne les positions des deux facettes (001) et (111) au moyen des angles que ces facettes

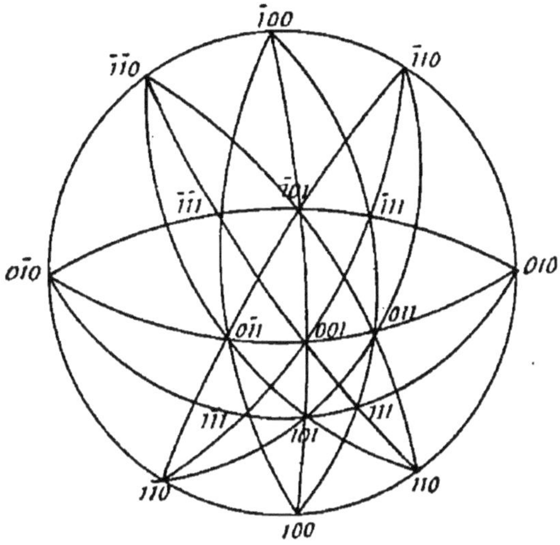

Fig. 87.

font avec (100) et (010). En menant les différents cercles de zone, on obtient toutes les formes fondamentales du système asymétrique.

CALCUL DE LA RELATION AXIALE a : 1 : c
ET DES ANGLES α, β, γ

Les deux triangles sphériques obliquangles 001-100-010 et 100-111-010 fournissent toutes les données du cristal : les trois angles axiaux α, β et γ et la relation paramétrale a : 1 : c.

Si l'on avait mesuré les angles que les quatre facettes considérées plus haut font entre elles, les trois côtés des deux triangles sphériques obliquangles seraient connus, et l'on pourrait calculer les angles.

Dans le premier triangle, 001-100-010, l'angle en 100 est égal à l'angle axial α, l'angle en 010 est égal à β, et l'angle en 001 égal à γ.

Dans le second triangle, 100-111-010, on calcule les angles en 100 et en 010. L'angle en 100 est égal à l'angle plan formé par les intersections des deux facettes (100) et (111) et des deux facettes (100) et (010). C'est l'angle C (*fig.* 88) du triangle rectiligne OCB, dans lequel OC et OB sont égaux aux paramètres **c** et **b**, et l'angle COB est égal à α.

Ce triangle OCB donne

$$\frac{c}{b} \text{ ou } c = \frac{\sin (C + \alpha)}{\sin C}.$$

De même, l'angle en 010 est égal à l'angle plan formé par

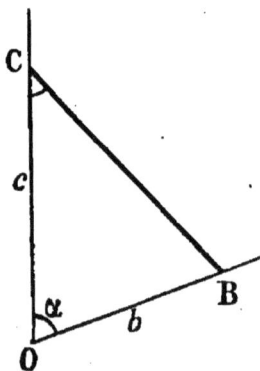

FIG. 88.

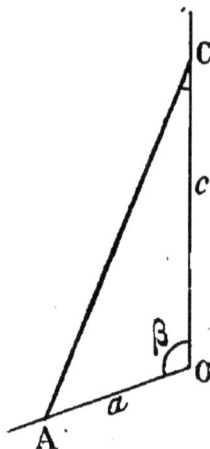

FIG. 89.

l'intersection des deux facettes (111), (010), et l'intersection des deux autres facettes (100) et (010). C'est l'angle C du triangle AOC (*fig.* 89), dans lequel OA et OC sont respective-ment égaux aux paramètres **a** et **c**, et l'angle AOC = β.

Le triangle AOC donne

$$\frac{c}{a} = \frac{\sin (C + \beta)}{\sin C}$$

Connaissant c et $\frac{c}{a}$, on déduit la relation paramétrale a : 1 : c.

CAS PARTICULIERS

Si, en outre des trois plans axiaux, on possédait la tétarto-pyramide ($\bar{1}$11), au lieu de (111), on calculerait le triangle sphérique 010-$\bar{1}$11-$\bar{1}$00. L'angle en $\bar{1}$00 est égal à l'angle **c** du triangle COB (*fig.* 88), dans lequel les deux côtés OB et OC sont encore égaux aux paramètres **b** et **c** et comprennent entre eux l'angle COB égal à α.

L'angle en 010 du même triangle est égal à l'angle **c** du triangle plan A'OC (*fig.* 90), dans lequel OA' et OC sont respectivement égaux à **a** et **c** et font entre eux un angle A'OC égal à β', supplément de β.

Ces deux triangles rectilignes permettront comme ci-dessus de calculer les deux rapports $\dfrac{c}{b}$ et $\dfrac{c}{a}$.

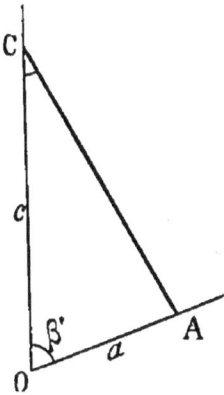

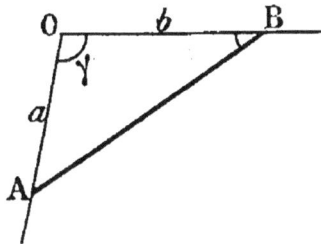

Fig. 90.   Fig. 91.

Lorsqu'un cristal asymétrique présente les trois plans axiaux et deux formes prismatiques telles que (110) et (011), on calcule l'angle en 001 du triangle 100-110-001, dans lequel on connaît les deux côtés 100-110 et 100-001, et l'angle compris α. L'angle en 001 est égal à l'angle plan formé par les intersections des deux facettes (001), (110), et des deux autres facettes (001) et (100). C'est l'angle en B du triangle plan AOB, dont les deux côtés OA et OB sont égaux aux paramètres **a** et **b** et font entre eux l'angle γ (*fig.* 91).

Ce triangle OAB donne :

$$\frac{a}{b} = \frac{\sin B}{\sin (\gamma + B)}.$$

Dans le triangle 100-010-011 on connaît les deux côtés 010-011 et 010-100, et l'angle compris β; on calcule l'angle en 100, qui, d'après la méthode indiquée ci-dessus, détermine le rapport $\frac{c}{b}$.

Si sur un cristal asymétrique il existe trois facettes en zone, on choisit deux d'entre elles comme (110) et (1$\bar{1}$0), et la troisième comme (010). Une quatrième facette serait la base (001). Ayant mesuré les arcs 010-001, 110-001, $\bar{1}$10-001 110-1$\bar{1}$0 et 110-010, on calcule les angles en 001 des deux triangles 110-001-1$\bar{1}$0 et 110-001-010.

L'angle en 001 du premier triangle est égal à l'angle plan formé par les intersections des deux facettes (110) et (001) et des deux autres facettes (1$\bar{1}$0) et (001). C'est l'angle $w + v$ du triangle BAB' (*fig.* 92).

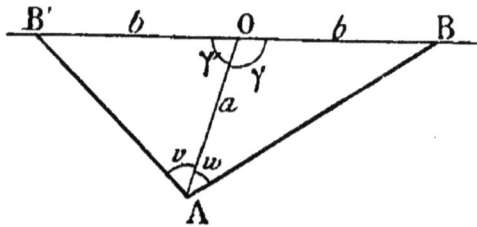

Fig. 92.

Le second angle en 001 est égal à l'angle plan formé par les intersections des facettes (001), (110) et des facettes (001) et (010). C'est l'angle w du triangle ABO dans lequel OA et OB sont les paramètres **a** et **b**, tandis que l'angle AOB est égal à γ.

Les deux triangles ABO et AB'O donnent :

$$\frac{a}{b} = \frac{\sin (\gamma + w)}{\sin w}$$

et

$$\frac{a}{b} = \frac{(\sin \gamma - v)}{\sin v}.$$

Égalant les deux valeurs de $\frac{a}{b}$, on obtient pour la valeur de l'angle γ :

$$tg\ \gamma = \frac{2\ \sin w\ \sin v}{\sin (w - v)}.$$

Le triangle 110-001-010 considéré ci-dessus fournit aussi l'angle en 010, c'est-à-dire β. En menant les différents cercles de zone passant par les pôles des facettes connues, on obtient la position de (100) sur le grand cercle. Dans le triangle 001-100-010 on connaît deux angles et le côté adjacent; on calcule le troisième angle, l'angle en 100 ou α. On connaît donc quatre sur cinq des éléments du cristal. Pour déterminer la cinquième inconnue, il suffit de mesurer l'angle d'une facette connue avec une autre facette telle que (011) ou (111); on calcule comme précédemment le rapport $\frac{c}{b}$.

Examinons enfin le cas d'un cristal présentant les quatre tétartopyramides. On mesure les quatre angles et l'angle de deux faces opposées; on connaît donc les quatre côtés et une diagonale du quadrilatère sphérique 111-1$\overline{1}$1-$\overline{1}$$\overline{1}$1-$\overline{1}$11. Les deux triangles 111-1$\overline{1}$1-$\overline{1}$11 et 111-1$\overline{1}$1-$\overline{1}$11 fournissent les angles du quadrilatère. Si l'on prolonge les arcs $\overline{1}$11-111 et 1$\overline{1}$1-1$\overline{1}$1, ils se rencontrent en (100) sur le grand cercle; on obtient d'une façon analogue la position de (010).

Les deux triangles 100-111-1$\overline{1}$1 et 010-111-$\overline{1}$11 ont leurs angles égaux aux suppléments des angles du quadrilatère sphérique. On calcule les côtés 100-111 et 010-111. Le triangle 100-111-010 fournit le côté 100-010. La position de (001) à la rencontre des deux grands cercles [111-$\overline{1}$$\overline{1}$1] et [1$\overline{1}$1-$\overline{1}$11] est déterminée par l'arc 001-111. Cet arc est un côté du triangle 111-1$\overline{1}$1-001, dans lequel on connaît le côté 111-1$\overline{1}$1 et les deux angles adjacents. Le triangle 001-111-100 donne l'arc 100-001; et le triangle 001-111-010, le côté 001-010.

Enfin le triangle 001-100-010, dans lequel on connaît les trois côtés, détermine les trois angles α, β et γ. Les rapports $\frac{c}{a}$ et $\frac{c}{b}$ sont calculés comme il a été dit précédemment.

En général on choisit comme plans axiaux les facettes du cristal faisant entre elles des angles les plus voisins de 90°.

S'il se présente des formes dérivées, les symboles sont déterminés soit par l'intersection de deux zones connues, soit à l'aide du calcul de la relation axiale de chacune de ces formes.

APPLICATION

ALBITE

Le cristal se compose des deux hémiprismes {110} et {1̄10} de la brachypinakoïde {010}, de la base {001}, de

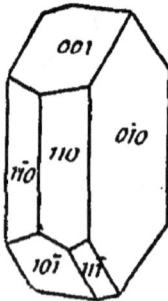

Fig. 93.

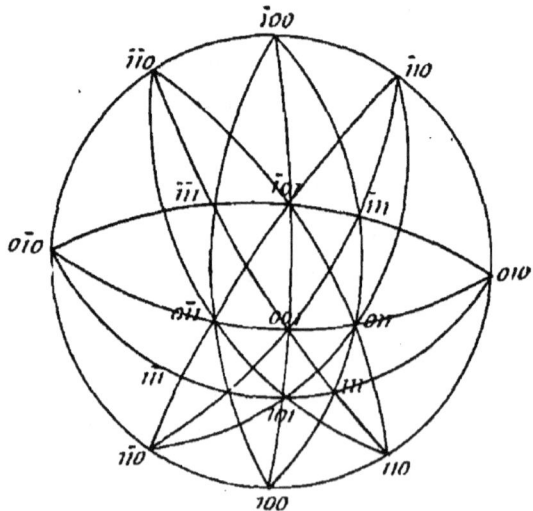

Fig. 94.

l'hémimakrodôme postérieur {101̄} et de la tétartopyramide inférieure droite {111̄} (fig. 93).

On a mesuré les angles :

$$010\text{-}110 = 180° - 119° 33' = 60° 27'$$
$$110\text{-}1\bar{1}0 = 180° - 120° 47' = 59° 13'$$
$$110\text{-}001 = 180° - 114° 42' = 65° 18'$$
$$\bar{1}10\text{-}001 = 180° - 110° 50' = 69° 10'$$
$$0\bar{1}0\text{-}\bar{1}\bar{1}1 = 180° - 113° 41' = 66° 19'$$
$$\bar{1}\bar{1}0\text{-}\bar{1}\bar{1}1 = 180° - 123° 6' = 56° 54'$$

La projection stéréographique (*fig*. 94) ne présente aucune difficulté.

Triangle $1\bar{1}0\text{-}110\text{-}001$. — On calcule l'angle en 001.

$$\sin \frac{001}{2} = \sqrt{\frac{\sin 27° 41' \ \sin 31° 33'}{\sin 69° 10' \ \sin 65° 18'}}$$

$$\log \sin 27° 41' = \bar{1},6670647$$
$$+ \log \sin 31° 33' = \bar{1},7187030$$
$$- \log \sin 69° 10' = 0,0293654$$
$$- \log \sin 65° 18' = \underline{0,0416712}$$
$$\bar{1},4568043$$

$$\log \sin \frac{001}{2} = \bar{1},7284021$$

$$\frac{001}{2} = 32° 21, \qquad 001 = 64° 42'$$

Le supplément $\qquad 115° 18' = v + w$.

Triangle $110\text{-}010\text{-}001$. — On calcule l'angle en 001 :

$$\sin \frac{001}{2} = \sqrt{\frac{\sin 19° 40' \sin 40° 46'}{\sin 86° 24' \sin 65° 18'}}$$

$$\log \sin 19° 40' = \bar{1},5270463$$
$$+ \log \sin 40° 46' = \bar{1},8148999$$
$$- \log \sin 86° 24' = 0,0008578$$
$$- \log \sin 65° 18' = \underline{0,0416712}$$
$$\bar{1},3844752$$

$$\log \sin \frac{001}{2} = \bar{1},6922376$$

$$\frac{001}{2} = 29° 29' 30'', \qquad 001 = w = 58° 59'$$

donc

$$v = 115°18' - 58°59' = 56°19' \; ;$$

alors

$$\operatorname{tg} \gamma = \frac{2 \sin w \sin v}{\sin (w - v)} = \frac{2 \sin 58°59' \sin 56°19'}{\sin 2°40}$$

$$\log 2 = 0{,}3010300$$
$$+ \log \sin 58°59' = \overline{1}{,}9329897$$
$$+ \log \sin 56°19' = \overline{1}{,}9201836$$
$$- \log \sin 2°40' = 1{,}3323107$$
$$\overline{ 1{,}4865140}$$

$$\gamma = 88°8'$$

$$\frac{a}{b} \text{ ou } a = \frac{\sin (w + \gamma)}{\sin w} = \frac{\sin 32°53'}{\sin 58°59'}$$

$$\log \sin 32°53' = \overline{1}{,}7347440$$
$$- \log \sin 58°59' = 0{,}0670103$$
$$\overline{ \overline{1}{,}8017543}$$

$$a = 0{,}6335.$$

Triangle 110-010-001. — On calcule l'angle en 010 :

$$\sin \frac{010}{2} = \sqrt{\frac{\sin 45°37' \sin 19°40'}{\sin 60°27' \sin 86°24'}}$$

$$\log \sin 45°37' = \overline{1}{,}8541093$$
$$+ \log \sin 19°40' = \overline{1}{,}5270463$$
$$- \log \sin 60°27' = 0{,}0605179$$
$$- \log \sin 86°24' = 0{,}0008578$$
$$\overline{ \overline{1}{,}4425313}$$

$$\log \sin \frac{010}{2} = \overline{1}{,}7212657$$

$$\frac{010}{2} = 31°45'30'', \qquad 010 = 63°31' \text{ ou } 116°29'.$$

β devant être plus grand que 90°, on prendra

$$\beta = 116°29'$$

Triangle 001-010-100. — On calcule l'angle en 100 :

$$\cos 100 = \sin 91°52' \, \sin 63°31' \, \cos 86°24' + \cos 92°10' \, \cos 63°31'$$

$$\log \sin 91° \, 52' = \bar{1},9997695$$
$$+ \log \sin 63° \, 31' = \bar{1},9518541$$
$$+ \log \cos 86° \, 24' = \bar{2},7978941$$

$$\bar{2},7495177$$

Nombre correspondant $= 0,056172$

$$\log \cos 92° \, 10' = \bar{2},5128673$$
$$+ \log \cos 63° \, 31' = \bar{1},6492740$$

$$\bar{2},1621413$$

Nombre correspondant $= \dfrac{0,014526}{0,070698}$

$$\log \cos 100 = \bar{2},8494071$$
$$100 = \alpha = 85° \, 57'$$

Triangle 1$\bar{1}$0-$\bar{1}\bar{1}$1-0$\bar{1}$0. — On calcule l'angle en 0$\bar{1}$0 :

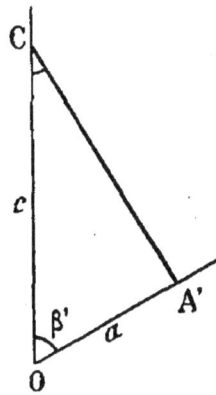

$$\sin \frac{0\bar{1}0}{2} = \sqrt{\frac{\sin 25°31' \, \sin 31°23'}{\sin 66°19' \, \sin 60°27'}}$$

$$\log \sin 25° \, 31' = \bar{1},6342491$$
$$+ \log \sin 31° \, 23' = \bar{1},7166387$$
$$- \log \sin 66° \, 19' = 0,0382091$$
$$- \log \sin 60° \, 27' = 0,0604821$$

$$\bar{1},4495790$$

$$\log \sin \frac{0\bar{1}0}{2} = \quad \bar{1},7247895$$

$$\frac{0\bar{1}0}{2} = 32° \, 3', \quad 0\bar{1}0 = 64° \, 6'.$$

Fig. 95.

L'angle en 0$\bar{1}$0 est égal à l'angle en C du triangle A'OC (*fig.* 95) :

$$\frac{c}{a} = \frac{\sin (\beta' + C)}{\sin C} = \frac{\sin 52° 23'}{\sin 64° 6'}$$

$$\log \sin 52^\circ 23' = \overline{1},8987867$$
$$- \log \sin 64^\circ 6' = \underline{0,0459709}$$
$$\overline{1},9447576$$

$$\frac{c}{a} = 0,8805.$$

Mais

$$a = 0,6335,$$

par conséquent

$$c = 0,8805 \times 0,6335 = 0,5577.$$

Les éléments du cristal sont donc :

$$\alpha = 85^\circ 57', \qquad \beta = 116^\circ 29', \qquad \gamma = 88^\circ 8',$$
$$a : 1 : c = 0,6335 : 1 : 0,5577.$$

FIN

TABLE DES MATIÈRES

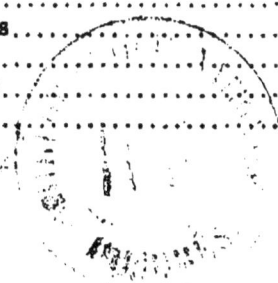

SYSTÈME CUBIQUE

Applications

SYSTÈME HEXAGONAL

Application

SYSTÈME RHOMBOÉDRIQUE

Applications

SYSTÈME TÉTRAGONAL

Applications

SYSTÈME RHOMBIQUE

Applications

SYSTÈME MONOSYMÉTRIQUE

Applications

SYSTÈME ASYMÉTRIQUE

Application

TOURS

IMPRIMERIE DESLIS FRÈRES

6, rue Gambetta

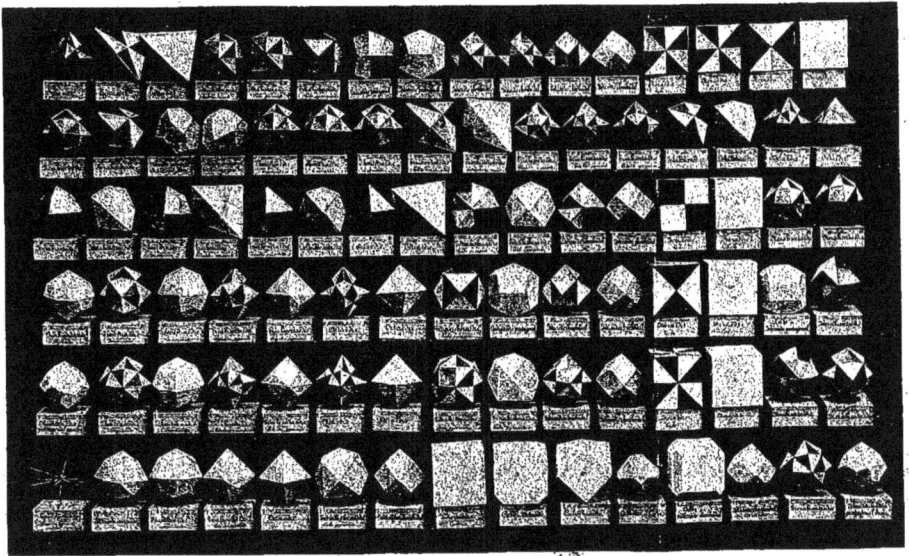

SYSTÈME CUBIQUE.

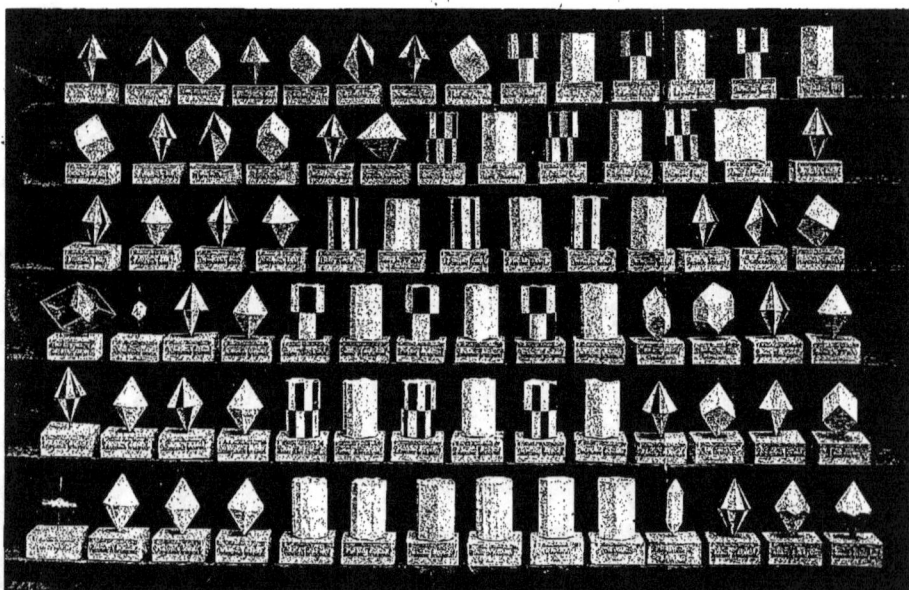

SYSTÈME HEXAGONAL.

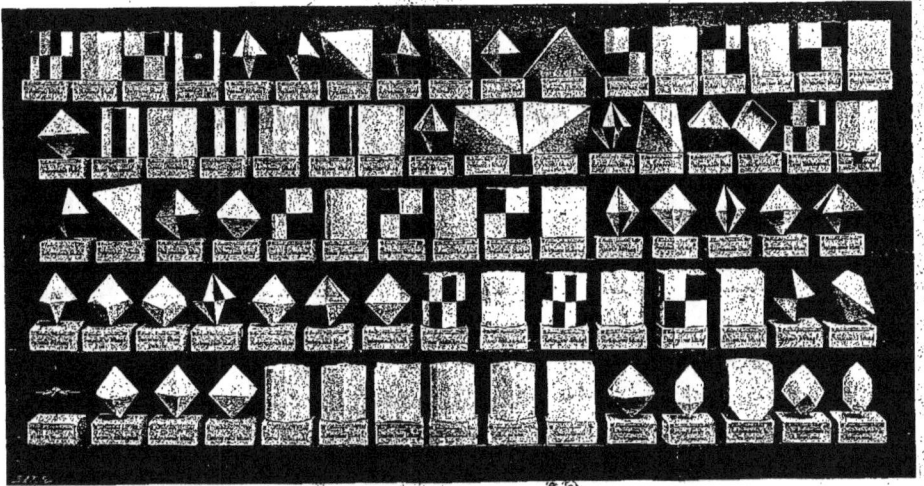

SYSTÈME TÉTRAGONAL

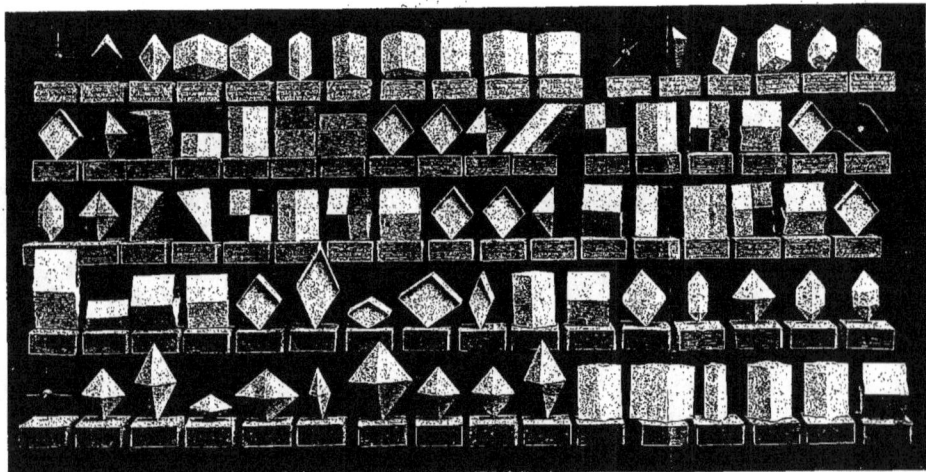

SYSTÈMES RHOMBIQUE, MONOSYMÉTRIQUE ET ASYMÉTRIQUE.

www.ingramcontent.com/pod-product-compliance
Lightning Source LLC
Chambersburg PA
CBHW072017080426
42733CB00010B/1739